U0236657

天工开物丛书

典册流芳
——中国古代印刷术

佟春燕／著

文物出版社

图书在版编目（CIP）数据

典册流芳：中国古代印刷术 / 佟春燕著. -- 北京：
文物出版社，2017.8
（天工开物 / 王仁湘主编）
ISBN 978-7-5010-5185-4

Ⅰ.①典… Ⅱ.①佟… Ⅲ.①印刷史－中国－古代
Ⅳ.①TS8-092

中国版本图书馆CIP数据核字(2017)第177678号

典册流芳

——中国古代印刷术

主　　编：王仁湘
著　　者：佟春燕
责任编辑：智　朴
特约编辑：李　红
装帧设计：李　红
责任印制：张　丽
出版发行：文物出版社
社　　址：北京市东直门内北小街2号楼
邮　　编：100007
网　　址：http://www.wenwu.com
邮　　箱：web@wenwu.com
经　　销：新华书店
制版印刷：北京图文天地制版印刷有限公司
开　　本：889×1194　1/32
印　　张：3.5
版　　次：2017年8月第1版
印　　次：2017年8月第1次印刷
书　　号：ISBN 978-7-5010-5185-4
定　　价：45.00元

天 工 开 物

天工人巧开万物（代序）

天之下，地之上，世间万事万物，错杂纷繁，天造地设，更有人为。

　　事物都有来由与去向，一事一物的来龙去脉，要探究明白并不容易，而对于万事万物，我们能够知晓的又能有多少？

　　"天覆地载，物数号万，而事亦因之，曲成而不遗，岂人力也哉？事物而既万矣，必待口授目成而后识之，其与几何？"这是明代宋应星在《天工开物》序言中的慨叹，上天之下，大地之上，物以万数，事亦万数，万事万物，若是口传眼观认知，那能知晓多少呢？

　　知之不多，又想多知多识，实践与阅读是两个最好的通道。我们仿宋应星的书义，又借用他的书名，编写出版这套"天工开物"丛书，其用意正在于开出其中的一个通道，让万事万物逐渐汇入你我他的脑海。

　　宋应星将他的书名之为《天工开物》，书名分别来自《尚书·皋陶谟》"天工人其代之"及《易·系辞》"开物成务"。《天工开物》被认为是世界上第一部关于农业和手工业生产的综合性著作，是中国古代的一部科学技术著作，国外学者称之为"中国17世纪的工艺百科全书"。以一人之力述万事万物，其中的艰辛可想而知。当初宋应星还撰有"观象""乐律"两卷，因道理精深，自量力不能胜，所以不得已在印刷时删去。万事万物，须得万人千人探究才有通晓的可能，知识才有不断提升的可能。

天工开物，是借天之工，开成万物，创造万物，如《易·系辞》所言，谓之"曲成万物"，即唐孔颖达所说的"成就万物"，亦即宋应星说的"人巧造成异物"。

认知天地自然，知万物再造万物。是巧思为岁月增添缤纷色彩，是神工为世界改变模样。每个时代都拥有它的尖端技术，这些技术不断提升变革，就有了现代的超越，有了现代化。这样的现代化也不会止步，还要走向未来。

科学技术是时代前进的杠杆，巧匠能工是品质生活的宗师。在我们这个古老的国度，曾经有过许多的发明与创造，在天文学、地理学、数学、物理学、化学、生物学和医学上都有许多发现、发明与创造。

我们有指南针、火药、造纸和印刷术四大发明，还有十进位制、赤道坐标系、瓷器、丝绸、二十四节气等重大发明。古代的发明与创造，随着历史的脚步慢慢远去，是不断面世的古代文物让我们淡忘的记忆又渐渐清晰起来。这些历史文物，这些古代的中国制造，是我们认知历史的一个个窗口。

对一个历史时代的认识，最便利的入口可能就是一件器具，一种工艺，甚至是某种图形或某种味道。让我们一起由这样的入口认知历史文化，领略古人匠心，追溯万物源流，这也是一件很快乐且有意义的事情吧。

2017年8月

目录

导 言

　　印刷术是中国古代的四大发明之一，是中国人对世界人类文明做出的重要贡献。公元前后，中国人发明了纸张。此后，造纸术的发展和推广，不仅带来了中国写本书的繁荣时代，还催生了印刷术的发明。印刷术是手工抄写、描绘图文的机械延伸，将印版上的文字与图画通过黑墨、彩墨印刷在白纸上，这种转印为保留和传播文化创造了新途径。此后，从雕版印刷到活字印刷，中国人用自己的智慧与巧心妙手，不断创造着世界印刷史上的奇迹。

　　隋唐之际，在一些简单的转印技术基础上，中国发明了雕版印刷术——即用墨将模版上的图文转印到纸上的技术，由此开创了中国最重要的印刷形式。宋元时期，官刻、私刻、坊刻书兴盛，手工技艺不断进步，雕版印刷进入黄金时代。明清时期，雕版印刷应用普遍，雕版技术不断创新，套色印刷技术空前发展。为改进雕版印刷术不易更改的先天缺陷，北宋庆历年间（1041～1048

年），毕昇还发明了泥活字印刷术，他用胶泥制成字模，经烧造后进行排版印书。元代初年的王祯改进了木活字的制字技术，并创造了"以字就人"的转轮排字盘。明弘治三年（1490年），我国开始使用铜活字印刷，而明正德三年（1508年）以前，中国就已使用铅活字进行印刷。

印刷术的发明，将手工抄写转变为机械复制，开启了书籍复制的新方式，不仅降低了人们获取知识信息的成本，更是提高了知识传播的效率，对中国文化的传承与发展起到重要作用，进而对世界文明的传播与交流产生了深远影响。

第一章

古老的转印术

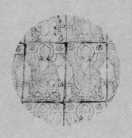

第一章

古老的转印术

　　纸、墨、木板及文字是成就雕版印刷术必要的物质基础，它们的有机结合，开创了雕版印刷术的时代。早在秦汉时期，我国的人工造墨技术已具雏形；公元前后，又发明了造纸术，至 4 世纪前后，纸张便成为主要的书写材料；至汉末，"形体方正，笔画平直"的方块楷书字体的出现，为雕版印刷术奠定了又一物质条件。当这些物质被大量使用并熟练掌握，佐以社会的迫切需求，印刷术得以催生，从此迎来了人类文明发展的新篇章。而这一伟大发明的雏形就是中国古老的转印术。

一 转印媒介

纸是印刷使用的基本材料，也是印刷术发明的最重要的先决条件。在西汉时期，雏形纸已经出现，并为人们所使用。东汉元兴元年（105年），蔡伦总结前人经验，改进造纸工艺，使用废旧麻料、树皮等作为造纸原料，扩大了造纸原料的选择范围，降低了造纸成本，提高了纸张的质量。4世纪，造纸技术逐渐发展，纸张成为主要的书写材料。4~10世纪，造纸术步入了成熟发展时期，麻、藤、树皮、竹等造纸原料被开发、应用，纸张的品种与质量有了大幅度提高。10世纪以后，竹纸和麦稻秆纸的生产技术日趋完善，纸张在人类文化生活中的地位越来越重要。特别是当纸张作为书写材料以后，大量的纸张用于抄写文字、描绘图文，纸与书籍之间建立了密不可分的联系，也为印刷术的发明做了重要铺垫。

墨是书写和印刷不可缺少的材料，它的使用在我国有着悠久的历史。《尚书》卷四记载："臣下不匡，其刑墨，具训于蒙士。"刑墨就是在人的面额上刺刻后染墨，其痕迹可终身不褪。商代甲骨文中有用黑墨书写的文字，经检测，这种书写颜料的材质与现代墨的原料相似。由此可知，至迟3000年前，中国的墨就已产生了。根据考古发现，在秦晚期已有调制成型的墨丸，湖北云梦睡虎地秦墓出土的墨锭，虽墨粒粗糙但墨色黝黑，说明秦代已能制作固定成形状的墨丸。汉代已使

图1 东汉 松塔形墨（1974年宁夏固原西郊出土）

用松烟中的炭黑制墨，东汉时期的松塔形墨色黑如漆，烟细胶清，手感轻而坚致，虽埋藏地下千年，并未剥蚀龟裂，是汉墨中的精品（图1）。由此可看出，我国东汉时期已有较高的人工制墨技术，亦有一定的制墨规模。三国两晋南北朝时期，墨的质量明显提高，墨的体积也明显增大，已具有成熟的制墨经验。这一时期的墨，不再需要使用研石，可以直接在砚上沾水研磨成墨汁。隋唐时期，制墨技术在前代的基础上有了进一步发展，为印刷术的发明奠定了基础。自魏晋以后，墨就已大量制作和使用，中国很多地方都有墨的产地。中国墨多制成固体形状，使用时磨碎并调以水来使用。宋代以前，墨一般使用松烟（燃烧松树产生的烟炱）与胶料混合制成墨锭，宋代以后则多使用油烟（燃烧动物油、植物油或矿物油收集到的烟炱）与黏合剂制成墨锭。印刷所用的墨多为靠近烧火处的粗烟炱，在粗烟炱中加入一定的胶料和酒制成膏状，将其贮藏在瓮缸中三四年后再使用。印刷时，将墨膏加水混合后，就可以使用了。这种墨贮存越久，印刷效果越好。由于墨色历久不褪，因而也就很好地保存了印刷的内容。

汉字的发展与完善也是印刷术发明的先决条件，特别是汉字字体和笔画的形式决定着印刷品的质量。汉字字体经历了甲骨文、金文、小篆、隶书、草书、行书、楷书等多种形式的演变，官方使用的规范字体逐渐定型为方块字，笔画也由繁变简。到了隋唐时期，楷书书写逐渐规范、完善，为雕版印刷术的发明提供了有利的条件。与其他字体相比，楷书字体更易于雕刻，楷书的出现为纸面文字镌刻到版面上做好了铺垫。印刷术发明初期，印刷品的字体多借用书法字体。从流传下来的印刷品来看，北宋刻本的书体以颜体（颜真卿）为多，南宋流行欧体（欧阳修）、颜体、柳体（柳公权）及瘦金体（宋徽宗）。元代，除继承了南宋的颜体、柳体外，还流行赵体（赵孟頫）。明代早期继续沿用欧体和赵体，16世纪中叶以后，逐渐形成了方正匀称、横平竖直的宋体字，并一直沿用至今。汉字形式适宜雕版，因此在很长的一段时间内，中国的雕版印刷比活字印刷应用更为广泛。

雕版材料的选择也是经过长期实践而定型的，我国普遍使用的雕版材料是梨、枣、梓木，有时也用黄杨、银杏、皂荚、苹果等树木材料制版。这些木材在我国各地均有分布，可以就地取材，价格低廉，而且这些木材均有纹理细密、质地均匀、干湿收缩度不大，不易变形，吸水均匀，易于雕刻，久刷不肥的特点。长久以来，我国将雕版印刷称为"授之梨枣""付梓""梓行"等，正是所使用雕版材料的反映。

二 技术先驱

任何一项新技术的发明，都有与之相近或相关的技术作为先导，对这项技术的发明和实践提供经验和启迪。中国人早已熟练使用的多种转印技术可视为雕版印刷术发明的技术先驱，它包括将印章印在泥土或纸上的钤印技术，从石碑上拓取碑文的墨拓技术，用镂花版在纺织物上印制花纹的刷印技术。此外，在印章、石碑上刻写文字的雕刻技术更与雕版印刷的发明有着直接的联系。

钤印技术对雕版印刷术的发明具有启迪作用。在简牍与缣帛作为书写材料的时代，印章不能直接钤印在书写材料上，而是将印章钤印在封泥或纸张上，这种钤印技术一直延续至今。封泥（图2）是中国古

图2 汉晋 佉卢文木牍（1959年
新疆民丰尼雅遗址出土）

代用于封存信件、公文的工具，其上有印章钤印的印文以便检验是否曾开启。印章沾染颜料后钤印在纸张上，成为印信的标识。钤印技术还应用在陶器、砖瓦等器物上，使文字内

图3　秦　陶量（1963年山东邹县出土）

容长久存在。秦代陶量的外壁有秦始皇二十六年（公元前221年）统一度量衡的40字诏书（图3），整篇诏书以多枚印章连续押印而成，这种复制文字的钤印技术对雕版印刷术的发明具有一定的启迪意义。在汉语中，"印"字兼具有印章和印刷两层含义。符信之用的印章、道教使用的符印、佛像经文的雕版以及后来的活字印刷都使用了"印"字，可见印刷与印章之间有着紧密的联系。

墨拓技术也被认为是雕版印刷术发明的技术先驱。汉代盛行立碑刊石之风，东汉后期将儒家经典刻成定本立在首都太学，以便读书人校对。当时很多人前来瞻读、摹写，可是远地的居民难以与石经谋面，为方便人们阅读研究，古人发明了拓印技术，将文字从石碑上转印到纸，完成了典籍的复制。《隋书·经籍志》"石经"条说："其相承传拓之本犹在秘府。"这段记载说明隋代仍然保存着前代的石经拓本，也证明了我国在隋代（581～618年）以前已经使用墨拓技术了。在

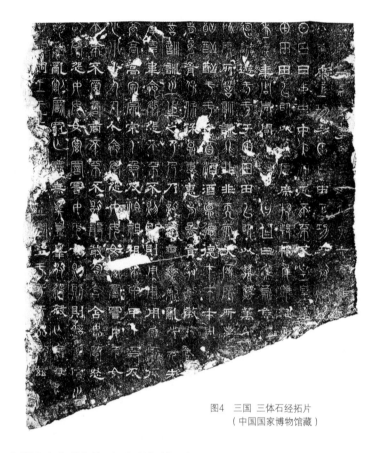

图4　三国　三体石经拓片
（中国国家博物馆藏）

印刷术未发明之前，拓印是复制图书的最好方法，从某种意义上来说，拓本已具备了印刷品的基本特征（图4）。墨拓是把纸覆在石刻上，用蘸有墨汁的扑子在纸上捶拓，将文字转印到纸上；雕版印刷是将墨刷涂在雕版上，通过刷印将雕版上的内容转印到纸上，这是两种相反却相互启迪的转印方式，因此墨拓技术被认为是雕版印刷术发明的重要技术条件之一。

　　捺印技术和刷印技术对雕版印刷术
的发明也有一定影响。西汉纺织业发达，
丝织物的花色品种丰富，一些纺织品的
花纹是用套色型版印制而成的。1983
年广东广州南越王墓出土了两件铜质印
花凸版（图5）以及部分印花丝织品，

图5　西汉　铜质印花凸版（1983年
广东广州南越王墓出土）

其中一件印花版正面花纹
近似凸起的火焰纹，印版
上有明显的因使用而磨损
的痕迹。同墓还出土了一
件带有白色火焰纹的丝织
品，其花纹形态与铜质印
花凸版纹相吻合。湖南长
沙马王堆1号汉墓出土的
印花纱（图6）的图案与
南越王墓出土的铜质印花
凸版的花纹十分相似。有
关专家认为，马王堆汉墓
出土的印花纱就是使用印

图6　西汉　金银火焰印花纱（1972年湖南长沙马王
堆出土）

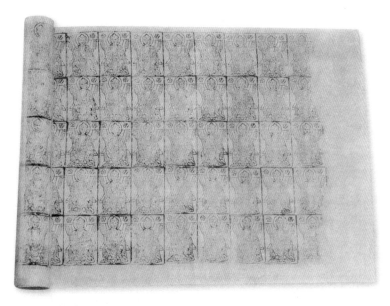

图7　唐《千佛像》经卷（中国国家博物馆藏）

花凸版将花纹捺印在丝织物上。这种捺印技术不仅应用在纺织物上，在纸张上也有应用，中国国家图书馆收藏有捺印着"千佛像"的经卷（图7）。千佛是在一张纸上使用同一个印模多次捺印而成，在某种程度上说，这类"小佛像"印模是从印章向雕版的过渡形式，而将印模图像捺印到纸上的方法已经与雕版印刷术的刷印方式十分接近了，仅是捺印与刷印的区别。向达等专家就曾指出，这种"印佛"在印刷术起源中占有重要地位。义净、玄奘等人在印度期间曾看到"印佛"的活动，并将其带回中国，而玄奘以回锋纸印普贤像的行为亦是模仿这种"印佛"行为，但这仅是一种捺印技术，与真正的印刷还有一定的区别。但是，这种捺印佛像的行为可能就是雕版印刷的前奏。此外，唐代还出现了在丝织品上刷印图案的技术，这种技术与雕版印刷术已十分接近。甘肃敦煌莫高窟130窟出土的隋至初唐时期绢幡上的花纹被认为采用了刷印方法（图8）。

图8 隋唐 绢幡（甘肃敦煌研究院藏）

其方法与雕版印刷相似，即先将需要使用的图案雕刻于木版上，再将色彩涂在阳纹印花版上，然后将丝织物铺于其上，再用毛刷在背面刷拓，花纹就印在正面了。这种将图案转印到纺织品上的方法，与雕版印刷术的印刷方法仅有一步之遥。

在印章、石碑上雕刻文字的雕刻技术，为雕版印刷术的发明做了长期的实践准备。春秋时期，我国已使用有文字的印章，其用途十分广泛，不仅钤印在封泥上，还印在陶器上、烙在修建墓葬用的黄肠木上、马身上以及铜器上。这些印章可以看作是一种小型雕版，在印章上雕刻文字的技法与在雕版上雕刻文字的技法相似，上面的文字必须是反刻文字，印文才是正体文字（图9）。印章的广泛使用，说明印章文字的雕刻技术已十分娴熟，凸雕阳文的雕刻技法是雕版印刷发明的必

图9 战国 牢阳司寇铜印
（中国国家博物馆藏）

要技术条件。中国古人为保存经典，还会在石碑上雕刻文字，这种雕刻技法也为在木版上雕刻图文做了技术准备。自战国时代起，人们就在石材上"勒石为名"以示纪念，从西汉时期开始大规模地在石碑上刊刻儒家经典，流传后世。汉代的"熹平石经"是中国历史上第一部石经，相当于无纸时代的书籍。无论是印章还是石碑，都需要通过雕刻技术将文字内容呈现出来，而雕版印刷的第一道工序也是雕版。从在小型印章、石碑上雕刻图文转变到在木版上雕刻图文是雕版印刷技术发展的重要环节，完成了这一技术转换，雕版印刷术的发明就指日可待了。其实，早在南北朝时期，雕版的雏形已经出现，道教信徒使用的符箓可视为小型的木质雕版。根据东晋葛洪著《抱朴子》的记录，当时道士入山会佩戴一种木质的符箓印章，"其广四寸，其字一百二十"，这种木印将印章与符箓合二为一，它的用途已然不是印于泥或纸上的印信之物，可视为一种小型的雕版。有的专家还推测，道士会把木章上的内容用朱墨印在纸上。由于没有实物的发现，这种推测尚无法确认。但不久以后，佛像印刷品出现了，这种图像的雕刻难度远远高于文字的雕刻，人们对佛经、佛像印刷品的迫切需求，成为推动雕版印刷术发明的主要动力之一。

第二章

雕版印刷术

第二章
雕版印刷术

"将文字、图像雕刻在平整的木板上，再在版面上刷墨，覆上纸张，用干净刷子轻轻刷过，使印版上的图文清晰地转印到纸张上，这就是雕版印刷。"[1]雕版印刷术是一次伟大的技术变革，这种技术将手工抄写、描绘图文的方法机械化，使书籍制造效率提高，成本降低。雕版印刷比手工抄写方便了许多，雕制一部书版，可以重复印制成千上万册书，特别是对那些需要重复印刷的经典名著来说，更为经济方便，同时也加速了文明的传播。

雕版印刷术出现之初多为单色雕版印刷，主要流程包括写样（包

---

① 罗树宝：《中国古代印刷史》，印刷工业出版社，1993年。

括正写、反写、勾描）、校对、上版、打空、修版、固版、刷色、覆纸、刷印等。抄写人按照一定的书写格式将原稿誊写在一张极薄的白纸之上，称为写样。较为讲究的，还会请当时著名的书法家来为书籍写样。当完成写样后，为保证刻成的书版没有错误，还需要对写出的版样进行校对。对于校出的错字，用修补的方法改正。一般需要进行二校，确认无误后才能成为定样上版。上版，就是将校正后的写样反贴在待雕刻的木版上，让纸样上的字迹转到木版表面。纸面文字一般通过两种方法转印到木版上：其一，就是在木版上涂上一层薄薄的糨糊，将纸样反贴的版面上，再用刷子捶拭纸背，使字迹转贴在版面上。待糨糊干燥后，字迹转印到版面上，擦去字迹以外的纸屑，版面上就出现了反体文字。其二，就是写样者用浓墨写样，再将版面用水浸湿，将写样反贴在版面上，用力压平，字迹转印到版面上，将纸揭开，版面上留下反体文字。当木版上出现清晰的墨字后，刻字工人用锋利的刻刀将版上墨迹以外部分剔除掉，使墨迹之处形成凸出的反体文字，这就是雕版。雕刻时，一般先刻竖笔画，再刻横笔画，然后依次雕刻撇、捺、勾、点。文字雕刻完成后，还要雕刻边框和行格线。最后，要用铲刀挖去多余的空白部分，即为打空。为使雕版具有一定的耐印性，版面上文字线条的断面应呈梯形，也就是说刻字下刀时要有适度的坡度。雕刻完毕后，还要对版面进行校对、修正。如发现错误，要将误刻之处向下凿成一个矩形的凹槽，然后选择一块木质相同的木块楔入凹槽。在这个木块上，重新进行写样、雕刻。雕版完成后，即可进行印刷。印刷时，可以直接将雕版放在桌面上进行印刷。为保证印刷规格的统一，有时需要将印版四周固定在一定的位置上，称为固版。在正式刷印前，先要用清水将印版刷两遍，待印版吸收水分变得湿润后，再正式刷色。印刷时，一般先以红墨或蓝墨印出初样，经校对无误后，就可以成批地印刷了。印刷工人用鬃刷将墨汁均匀地涂刷在雕版凸起的版面上，这一步称为刷色，要求工人蘸墨少、刷色匀。覆纸就是将待印的白纸平整地铺在版面上。刷印过程就是将版面上的文字、图案清晰地转印到白纸上，用干净的刷子轻拭纸背，最后将纸张从版面上揭下。雕版印刷品还受到各种条件的制约，纸、墨材料，雕版工艺、刷色、刷印等各印刷环节都对雕版印刷品的质量有一定的影响。

一　雕版初创

隋唐时期，科举制度日臻完善，许多人走上了读书、应试、为官的道路，从而推动了教育的发展，促进了人们对书籍的需求。唐代经济繁荣、文化兴盛，成为诗歌创作的黄金时代，为适应诗歌创作的需要，类书、韵书等工具书需求量增大，抄写这些书籍不仅需要大量的人力，而且要花费大量的时间，人们迫切需要采用新的方法来改变这种状况。随着国家的统一，社会生产的发展，百姓日常劳作生活所用的历书、字书的需求量不断增加。佛教自汉代传入中国，经过数百年的发展，传播范围不断扩大，佛教信徒不断增多。宗教的盛行，必然引发对宗教经典需求量的增加，手工抄写佛经已无法满足需求。现存中国早期印刷品多为佛经、佛画，因而佛教被认为是促成印刷术发展的重要推动力。无论是经济文化的发展，还是宗教传播的需要，都迫切需要一种可以更快更多地复制书籍、经典的方式，满足大量复本图书的需求。在这种社会大背景下，雕版印刷术应运而生。

关于雕版印刷术发明的年代有汉代说、东晋说、六朝说、隋代说、唐代说、五代说、宋代说等不同观点，目前以隋代说和唐代说为争论焦点。唐代说中有初唐说、中唐说和唐末说的观点，比较集中的观点是初唐说，即 7 世纪出现了雕版印刷术。宿白先生通过梳理绝对年代从 835 年至 879 年的七条文献资料，阐述了唐代雕版印刷的情况："（一）当时地方官府和民间都已有雕版印刷了。（二）印书的地点，除两京外，以长江流域为盛。从上游的剑南两川，到中游的江南两道（治所在洪州，即晋江西南昌），一直到下游以扬州为中心的淮南，都出现了雕版印刷。（三）雕版的种类很多，有日历、医书、字书，还有道传（《刘弘传》）和佛书。（四）印刷的数量发展很快，江西印《刘弘传》多达数千本，西川可以雕印有三十卷之多的《玉篇》。（五）印刷的质量可以现存咸通九年（868 年）《金刚经》为例，字体清晰、整齐，卷前还附有布局复杂、刻印精美的《释迦给孤独园说法》版画，

图10　唐《无垢净光大陀罗尼经》印本（韩国庆州佛国寺释迦塔发现）

反映了当时雕版印刷的高水平。"①由此可知，在9世纪中叶以前，中国的雕版印刷术已经较为发达，而作为一项技术的发明往往需要经过一段时间的调整才能达到较高的水平。由此推断，唐代初期是中国雕版印刷的开始时期。

　　从目前发现的纸质印刷品来看，中国在唐代已发明了雕版印刷术，并达到了一定的雕印水平。1966年在韩国东南部庆州佛国寺的释迦塔发现一卷《无垢净光大陀罗尼经》印本（图10），根据相关内容判断，该经刻印于唐天宝十年（751年）前。现知最早的历书雕印本出土于甘肃敦煌，上有"上都东市大刁家"字样，大约雕印于762年以后。现知最早的历书雕印本。大英博物馆收藏的《金刚经》（图11）印本出自甘肃敦煌藏经洞，经卷的卷首刻印精美的《释迦给孤独园说法》版画，图后有经文，卷末刻有"咸通九年四月十五日王玠为二亲敬造普施"等字，唐咸通九年即868年。这件印刷品的图版和文字清晰，佛像刻

---

① 宿白：《唐五代时期雕版印刷手工业的发展》，《文物》1981年第5期。

画得尤其精致、美观，表明我国唐代的雕版印刷技术已经相当精湛。

大英博物馆还收藏有出自甘肃敦煌的完整历书雕印本《丁酉岁具注历日》（图12），历书上有图有文，除记载节气、月大、月小及日期外，还印有阴阳五行、吉凶禁忌等内容，与后代的历书差别不大。根据"推丁酉年五姓起造图"这段文字推断，该历书雕印于乾符四年（877年），这是现存早期最完整的历书雕印本，也是雕版印刷作品在实际生活中应用的实例。大英博物馆收藏的另一件历书残本上保留了"剑南西川成都府樊赏家历"和"中和二年"的字样（图13），表明历书雕印于唐僖宗中和二年，即882年，其字体端庄，敷墨匀称，显示出唐代雕版印刷术的发展水平。在四川成都和陕西西安的墓葬中也发现过一些佛

图11　唐咸通九年《金刚经》印本（大英博物馆藏）

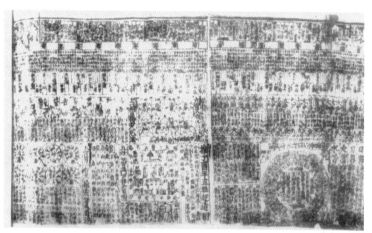

图12 唐乾符四年 《丁酉岁具注历日》印本（大英博物馆藏）

图13 唐中和二年 历书印本
残片（大英博物馆藏）

经印本，表明当时已运用雕版印刷佛经。1944年四川成都望江楼出土一份梵文《陀罗尼经咒》印本（图14），属于唐代作品，纸张纸薄，图文清晰。印本的中央是佛像，四周环刻梵文咒语，四边为佛教图像。经卷的右边有一行汉字（残缺若干）："唐成都府成都县龙池坊卞家印卖咒本"，表明此经咒为印卖之物。该经咒藏于墓主手臂所带银镯内，证实了这是送葬亲属买来放在死者身上消灾祈福之物。根据文献记载，"成都府"之名出现于唐肃宗至德二年（757年）以后，由此可见，至迟到8世纪中叶，四川地区已有用于出售的印刷品了。

在历史文献中，也有关于雕版印刷的记录。《全唐书》中记录的川东节度使冯宿在唐文宗大和九年（835年）的上奏："剑南两川及淮南道，皆以版印历日鬻于市，每岁司天台未奏颁下新历，其印历已满天下。有乖敬授之道，故命禁之。"这是关于早期雕印历书的记载。

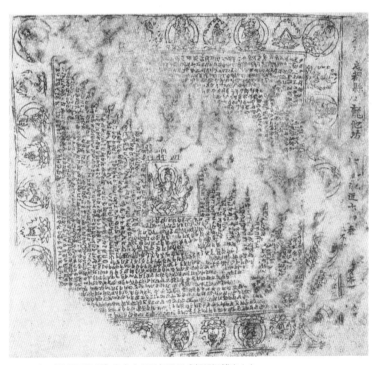

图14 唐《陀罗尼经咒》印本（1944年四川成都望江楼出土）

唐代著名藏书家柳仲郢的儿子柳玭随唐僖宗（873～888年在位）流亡四川，在写给儿孙的《柳氏家训》中提及他在蜀地所见，在书肆中可以看到许多雕版印刷的书籍，有字书、小学读物、阴阳占卜类书等，说明唐末成都地区的雕版印书内容范围已经非常广泛了。宋代的王谠在《唐语林》中记述，江东市上有历书雕印本出售，常因月份大小不同而发生争执。虽然当时政府下令不准私印历书，但仍有自行印卖之人，且不只少数几家。这些记载，从一个侧面勾勒出唐代雕版印刷在民间应用的情况。

从现存的早期印刷品内容来看，多为佛经和民间所用的历书、医书，这在某种程度上说明雕版印刷术起源于民间，是民众为满足自己对图书复本的需求而发明的这项技术。特别是对于雕印佛经的需求，成为雕版印刷术发明的重要推动力之一。佛教僧侣参与到印刷的过程中，并成为印刷的积极使用者。佛经、佛像成为早期印刷品的主体，有些雕印得相当精细，说明唐代的雕版印刷技术已经十分成熟。从这些发现的实物和文献记载来看，唐代是我国雕版印刷术发明的下限时间，但一项技术从发明到应用会有一个渐进的过程，雕版印刷术发明的时间也要早于这个下限时间。因而，我们将初唐作为雕版印刷术诞生的时代。

雕版印刷术发明后，虽然没有得到官府的重视，但却在民间发展起来，尤以佛教印刷品为多。唐代末年，作为新兴的印刷业已遍及全国各地。五代以后，中国的雕版印刷进入到快速发展和完全成熟时期。

五代十国（907～960年）是中国历史上一段战乱频繁的年代，但雕版印刷业却进入到迅速发展时期，刻书规模日益扩大，刻印内容更加广泛，刻书地点有所扩展。官方开始主持雕印儒家经典著作，印刷由民间走向官府，中国雕版印刷的官刻、私刻和坊刻三大系统开始形成。

五代时期，最著名的印刷工程是冯道主持印制《九经》。唐末，印刷业逐渐发展，出现了一些新的印刷基地，书籍印刷的数量和品种增多，唯独没有儒家经典著作雕印。后唐长兴三年（932年），宰相冯道请求根据唐代石刻《九经》刊印儒家典籍，由国子监儒士对唐代石经文本进行校订，求得正本，并征名手用正楷书写。刻印工作从932年起，经过22年的努力，在后周广顺三年（953年）完成了130卷的巨帙印制。这部《九经》是目前所知最早的儒家经书刊本，也是由国家组织刊刻书籍事业的开始。《九经》是由国子监负责刊印的，因此宋人称之为"旧监本"，它对后世监本书的印制产生了深远影响。

除儒家经典外，历史、文集也有雕印。后唐（923～936年）学士和凝主持刻印了自己的文集《和凝集》，而且该书是由他自己完成写样，这是文学家自己雕印著作的最早记载。后蜀（933～966年）的宰相毋昭裔在成都自己出资主持雕印了《文选》《初学记》《白氏六帖》等书籍，开创了私家刻书的先河。南唐（937～975年）统治的金陵地区出现《史通》《玉台新咏》《韩昌黎集》等印刷书籍，山东青州地区雕印了法律诉讼的著作《王公判事》等。

除刊刻文字书籍外，五代时期还雕印了大量的佛经、佛像。佛教徒将印刷经像作为功德之事，无论民间私人还是官方都大量印制。曹元忠在河西地区印制了许多佛经、佛像，钱俶在东南一带的吴越国印刷了大量佛经像、佛咒。曹元忠（？～967年）是五代后晋时期的第四任曹氏归义军节度使，长期割据河西瓜州地区，他曾组织雕印了大量佛经、像画。这批印刷品曾尘封在敦煌莫高窟内，现存有30余件，多为图文组合，人物造型简练，线条粗犷。这一时期，最大规模的雕印佛经出现在吴越国。钱俶（929～988年）是五代时的吴越国王，他在位期间大力提倡佛教，广修寺院，大建佛塔，大量印刷佛经。据记载，他仿效阿育王的故事，铸造八万四千小铜塔，中纳《一切如来心秘密全身舍利宝箧印陀罗尼经》印本（简称《宝箧印经》），颁布四方。钱俶开官府大规模刻经之先河，分别于后周显德三年（956年）、宋乾德三年（965年）和宋开宝八年（975年）三次雕印《宝箧印经》（图15）。从经卷的刊记可知当时雕印了八万四千卷，虽然未必是印刷的实际数量，但显示了当时印量的庞大。浙江湖州天宁寺、杭州雷峰塔、瑞安慧光塔以及绍兴、安徽无为县等地发现有《宝箧印经》，显示了这些经卷流传范围的广泛。从经文和扉页插图来看，刻画精美，印刷清晰，字体工整，文字雕工成熟，说明当时已具有娴熟的雕刻与印刷技术，表现了吴越地区发达的印刷水平。这些佛经的发现，还证明五

图15　五代后周显德三年《宝箧印经》（1971年安徽无为县宋塔出土）

代十国时期雕版印刷地点已有所扩大，东南地区的吴越、偏远的河西地区都出现了雕版印刷业，为两宋时期高度发达的雕版印刷业打下了良好的基础。

虽然五代十国是一个分割动乱的年代，但在一些相对和平环境的地区，经济文化仍有所发展，新兴的印刷术也在这些地区获得快速发展，逐渐形成了成都、杭州等雕印中心。

二　版印技艺

两宋（960～1279年）是我国雕版印刷技术的发展与成熟时期，所印书籍数量多且内容广泛，涉及人类知识的各个领域，造就了我国雕版印刷史上的黄金时代。宋太祖赵匡胤建立政权后，在巩固国家政权的过程中，逐渐用文臣代替武将，这一政策带动了整个社会习文的风气。宋代的学术著作层出不穷，浓重的文化氛围将宋代的雕版印刷推向空前繁荣的阶段。为适应政治和文化的需要，出现了各种形式的刻书机构，官刻、私刻和民间刻印同时并举，书籍内容涉及儒家经典、佛经、天文、历法等诸多方面。宋代雕版印刷已成为一门完美而精湛的艺术，宋椠善本字体妍劲，纸墨优良，成为后世印工的楷模。

宋代的雕版印刷得到空前发展，按照刻书者的不同身份，出现了官刻本、私刻本和坊刻本之分。官刻本是指由官府投资刻印之书，包括中央各殿、院、监、司、地方各州、县、各路茶盐司、安抚司、提刑司、转运司、公使库以及各府州郡学等机构刻印的书籍。由于宋代官府的重视和提倡，从中央到地方的各级政府都参与了印书活动，主要刊刻官方校订的经史子集、类书、医书等类书籍。《春秋公羊传》

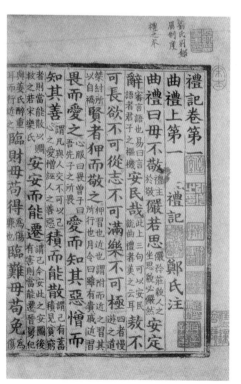

图16 宋淳熙四年 《礼记》抚州公使库刻本（中国国家图书馆藏）

《春秋穀梁传》《仪礼》《礼记》（图16）《孝经》《论语》《尔雅》等七经先后获准雕印，《史记》《汉书》《后汉书》也在杭州刊印，《说文解字》《广韵》《集韵》等字书、韵书也先后校刻，国子监还陆续刻印《千金翼方》《金匮要略》《王氏脉经》《图经本草》等医学著作，以及农业算学书《齐民要术》《四时纂要》和九种算经等。宋代学术研究活跃，学术著作丰富，在政府的支持下，《册府元龟》《资治通鉴》（图17）等长篇巨著也得以印刷。这些官刻本中以国子监的校勘水平最高，质量最好，称为“监本”，主要刊布儒家经典、文史名著等。宋代的监本不但作为政府官用，还用以出售作为财政收入。除了国子监外，崇文院、秘书省、司天监、德寿殿等中央机构也有印书，且印书内容都与其业务相关。在宋代中央政府的影响下，各级地方政府也积极刻书印刷，特别是地方各路

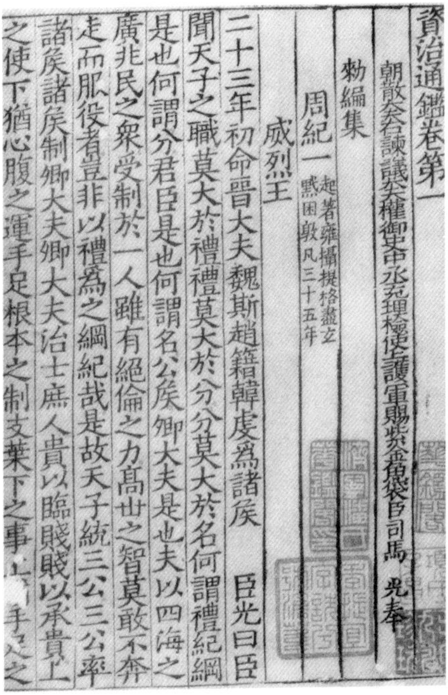
資治通鑑卷第一
朝散大夫右諫議大夫權御史中丞充理檢使上護軍賜紫金魚袋臣司馬光奉
勑編集
周紀一　起著雍攝提格盡玄黓困敦凡三十五年
威烈王
二十三年初命晉大夫魏斯趙籍韓虔爲諸侯　臣光曰臣聞天子之職莫大於禮禮莫大於分分莫大於名何謂禮紀綱是也何謂分君臣是也何謂名公侯卿大夫是也夫以四海之廣兆民之衆受制於一人雖有絶倫之力高世之智莫敢不奔走而服役者豈非以禮爲之綱紀哉是故天子統三公三公率諸侯諸侯制卿大夫卿大夫治士庶人貴以臨賤賤以承貴上之使下猶心腹之運手足根本之制支葉下之事上猶手足之

图17　宋绍兴二年《资治通鉴》（中国国家图书馆藏）

使司掌握着各地的政治和经济命脉，也是地方刻书的重要机构。这些机构所印书籍一般称为"茶盐司本""转运司本""公使库本"等，不仅是官刻本的组成部分，也具有较高的水平。这一时期，各府、州、县均设有学校，不仅具有资金，还有校勘人员，学校刻书（图18）亦成为宋代官刻本的重要组成部分。

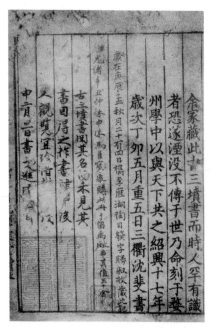

图18　宋绍兴十七年　《古三坟书》婺州州学刻本（中国国家图书馆藏）

私刻书是指私人出资刻印的书籍，大多不以赢利为目的，主要集中在浙江、福建、江西、江苏、四川等地。这些书籍的内容以经史名篇、诸子百家、诗文集为多，一般由校刻人选择优秀的善本进行翻刻，校对精审、印制精致，较好地保存了古书的原貌，为后世所推崇。宋代，私家刻书十分兴盛，廖莹中的"世彩堂本"、余仁仲的"万卷堂本"（图19）、岳珂的"相台家塾本"等私刻本都很精美。

坊刻本是指书坊、书肆、书棚、书籍铺等刻印的书籍，往往是以

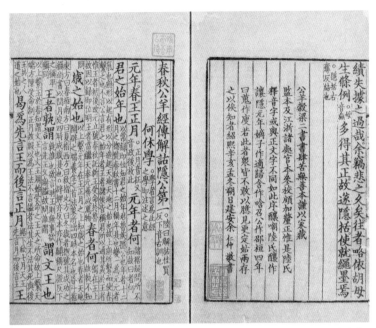

图19　宋绍熙二年《春秋公羊经传解诂》万卷堂本（中国国家图书馆藏）

盈利为目的。他们往往根据社会的需要，集编书、刻书、售书于一体，印制各类书籍。这些刻本应用于民众的需要，重在实用，因此印刷量大、种类繁多，因而也出现了良莠不齐的情况。坊刻本是典型的民间刻书，一般有自己的印书作坊，并有固定的刻版、印刷和装订工匠。宋代，书坊刻书遍及全国，较为著名的地区是福建的建阳和建安、四川和临安（杭州）。坊刻本以临安陈氏书籍铺、尹家书籍铺和建安余氏及建阳麻沙等刻书坊刻本较为著名，其中临安陈宅书籍铺刻印的《唐女郎鱼玄机诗集》是坊刻本的典范（图20）。坊刻本被人们广泛使用，因而对普及文化和推动雕版印刷发展方面起到了重要作用。

随着社会需求的增多，印刷品种逐渐从过去以佛经为主转向以印刷经史子集为主。但是，佛经的印刷总量仍较大，两宋曾多次组织大规模雕印佛经。开宝四年（971年），宋太祖派遣官员到益州（今四川成都）监督雕印佛教汉文大藏经，历时12年完成，共计雕版13万块。经版刻成后，被送至汴京（今河南开封）印刷、装订，共计5048卷。这部刻本大藏经是我国历史上第一部印行的佛教总集，被称为《开宝藏》或《蜀藏》（图21），多印制在黄麻纸上，为卷轴装。这部藏经印成后分藏于南北各大寺院，并赠送西夏、朝鲜、日本、越南。这次印刷开创了宋代大批量印刷书籍的先河，促进了宋代雕版印刷业的发展。元丰三年（1080年）至崇宁二年（1103年），在福州城外白马山东禅寺雕印《崇宁万寿大藏》6434卷，为经折装，版后多有题记。这次印刷是由寺院的主持通过募捐、化缘而完成的，是历史上第一次由民间集资雕印的佛经总集。政和二年（1112年）至绍兴二十一年（1151年）在福州开元禅寺雕印《毗卢大藏经》6117卷，此次雕印增加了一些宋代新译的佛经，但流传较少。南宋绍兴绍定四年（1231年）江苏吴县的碛砂延圣院雕印《碛砂藏》，历经93年才刻印完成，共计6362卷，经折装，这是宋代又一次超大规模的佛经雕印工程。宋代三百余年间，刊刻《大藏经》不下六版之多，如此大量的佛经雕印培养了大批书手、

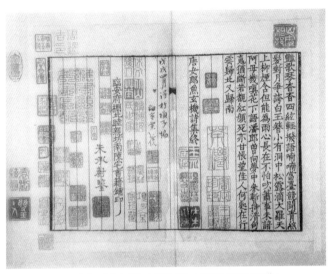

图20　南宋 《唐女郎鱼玄机诗集》（中国国家图书馆藏）

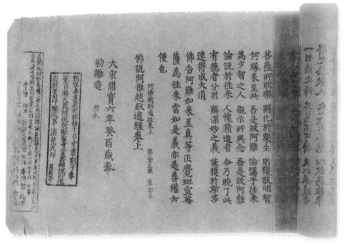

图21　北宋 《开宝藏》（中国国家图书馆藏）

刻工、印工等各种技术熟练的工人，为雕版印刷术的传播与发展奠定了技术基础。

宋代不仅刻书机构多，而且刻书地点遍布全国各地。据统计，北宋刻书之地可考的有三十余处，南宋则达二百余处。人们根据不同的刻书地域来区别这些刻本，其中著名的刻书地区有浙江杭州、四川眉山和福建建阳。这些地区的印本被藏书家称为"杭本""蜀本"和"建本"，以"杭本"书的质量最好，深受藏书家的喜爱。

两宋时期是我国雕版印刷史上的黄金时代，宋版书是世人公认的珍本，字迹精美，版式讲究。宋版书的刊刻艺术十分精湛，尤其是它的字体多种多样，楽刻讲究，成为后世刻工的楷模。明屠隆在《考槃余事》中说："宋书，纸坚刻软，字画如写，用墨稀薄，虽着水湿，燥不渭迹，开卷书香自生异味。"清孙从添在《藏书纪要》中说："南北宋刻本，纸质罗纹不同，字画刻手古劲而雅，墨气香淡，纸色苍润，展卷便有警人之处。所谓墨香纸润，秀雅古劲，宋刻之妙尽矣。"由此可知，宋版书的工艺达到了很高的水平。宋版书的字体优美，开卷就能给人以美感，十分赏心悦目。这些刻本多以善书者书写上版，雕刻相当讲究（图22）。刻字者在模仿名家书体的同时，汲取名家书体所长，创造出适宜刻版、印刷的字体。北宋时期的字体整齐浑朴，南宋中叶至元代则逐渐变得秀劲圆活，从这些宋版书字体的演变可以看到刻字者探索的过程。宋版书使用的字体更是竞相媲美，展示出高度

图22　宋《攻媿先生文集》
（北京图书馆藏）

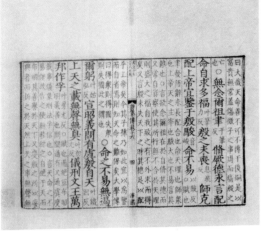

图23　宋《诗集传》
（中国国家博物馆藏）

的艺术水准。宋代早期流行笔力刚劲、笔画清朗、结构遒密的欧阳询体，后来则逐渐使用笔意凝重、笔画肥厚、结构严整的颜真卿体和笔意清秀、字画平直、结构端正的柳公权体，元代刻书字体大多模仿笔意柔媚、结构秀丽的赵孟頫体。宋版书不仅字体优美，而且具有较高的版面艺术效果。其版式疏朗、简洁美观，版心处还会标出书名、卷次、页码以及刻工的姓名（图23）。书籍中的插图、文字也是经过精心设计，使得图文的大小、比例、位置都达到很好的艺术效果。

　　宋代书籍装帧也出现了新的形式，既便于阅读，也有利于书籍的保护。以简牍作为书写材料时，抄写成书后的装订方法是编简，即把多支简牍按照顺序用绳串联在一起，卷成一卷或逐片正反叠放起来，称为"册"。以帛作为书写材料时，也是将写好文字的帛卷起来收藏。当纸作为书写材料时，自然承袭了这种书卷的装订方法，也就是我们常说的"卷轴装"。唐至五代时期，卷轴装的书籍有简装和精装两种形式。简装就是将写好的纸张从尾卷到首，不加任何装饰，而精装是使用了轴、签和带，写好的卷子自有轴的一端卷起，最外层用带绕捆，再用签别住。卷轴装书籍存放时将书卷平放在书架上，轴的一端向外，以便于查阅时抽出或插入，称为"插架"，今天我们仍以"插架"来形容书籍。采用卷轴装的书籍插图只能应用卷首扉页画的形式，今天书籍卷首附图的格局应是卷轴装卷首扉画的遗意。到了唐末，卷轴装使用发生了很大的变化。有些卷轴装书籍很长，展开、卷起都费时、费力，不利于查阅，于是就有人把长卷书籍一反一正地折叠起来，形成长方形的一叠，再在前后各裱一张厚纸封皮，这种新出现的书籍装订形式称为"经折装"（图24）。这种形式的书籍查阅起来比卷轴装便

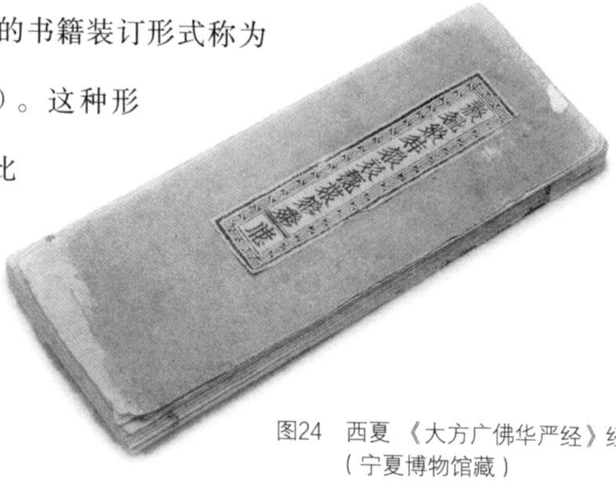

图24 西夏 《大方广佛华严经》经折装
（宁夏博物馆藏）

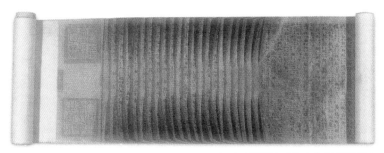

图25　唐　《刊谬补缺切韵》（故宫博物院藏）

利，无须全卷展开，这是对卷轴装的改进。但经折装的书籍容易散开，仍有不便的地方，于是新的装订形式出现了。人们将写好的书页按照顺序，逐张粘贴在一张纸上，错落粘连，犹如旋风，因此称为"旋风装"（图25）。旋风装的形式便于书籍的翻阅，但收藏形式没有完全摆脱卷轴装的限制，其外表看起来仍是卷轴装。旋风装是一种过渡的书籍装订形式，并没有长时间流行，应用也不普遍。宋代，蝴蝶装的装订方式出现，这种形式适应书籍雕版，也便于书籍的保管和携带。蝴蝶装是书籍装订形式演变的里程碑，开创了册页装订的历史。蝴蝶装是将书叶的有字面沿中线相对而折，有字的一面相对，然后以折叠的中线处粘贴在一张硬纸上。以这种形式装订的书籍打开后，书叶朝两面分开，犹如展翅飞翔的蝴蝶，因此称为蝴蝶装（图26）。蝴蝶装可以保护书的文字部分不受损伤，但缺点是翻阅不便，而且用糨糊粘连的书脊处容易脱落，所以到了宋代后期出现了包背装。包背装的方法与蝴蝶装相反，就是

图26 西夏 《吉祥遍至口和本续》蝴蝶装（宁夏贺兰县拜寺沟出土）

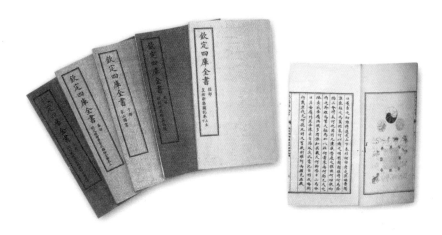

图27 清 《四库全书》包背装（中国国家博物馆藏）

把无字面对折，使有字面向外，然后把书页开放的两个直边粘在书脊上，再用纸捻或线订起，外面再糊一张纸作书皮。这种装订方式在南宋后期普遍使用，一直沿用到元、明时期（图27）。宋代还出现了线装书的装订形式，但由于工艺不成熟，逐渐被废弃，直到明代中期才广泛使用。线装书是将书页齐中缝文字向外折叠，成册后摆放整齐，在订口处用纸捻穿订、固定成册，然后在书册前后放置书皮，最后订线成书。

自宋代开始，雕版印刷已按工序分为写工、刻工、印工和装背工等不同工种，大量书籍文献的遗存，主要归功于这些古代的雕印工。经过长时间的实践探索，雕版印刷的各个工种都发展到较高水平。特别是，我国古代雕版具有较高的耐印程度，往往在一块印版可以连续印制上万至十万次，表现出高水平的雕版技艺。目前所见早期雕版印刷品多为唐代作品，而早期雕版则寥寥无几。究其原因，大概是雕版可以印刷出成千上万份印刷品，这些印刷品在千百年的沧桑变故中总有侥幸保存下来的，但雕版数量较少，或自行毁灭，或淘汰不用。至今，尚未发现唐代的雕版，宋代的木雕版仅知有三片，皆为1919年河北钜鹿淹城遗址出土。西夏文木雕版的时代相当于宋代，是目前存量最多的早期文字雕版，可以窥见当时精湛的雕版技艺。1991年维修宁夏贺兰县宏佛塔时，在塔的天宫中发现了2000余块西夏文木雕版。这批木雕版分为大号字版、中号字版和小号字版三种类型，镌刻精细，刻工娴熟。大号字版仅一面雕字，版厚字大，字体方正、清晰，当是由西夏专门负责雕版印刷的官府机构"刻字司"雕刻（图28）。中、小号字版多为两面雕字，字体娟秀。这些雕版的发现，显示了我国宋代雕版印刷的繁荣发展。

宋代是我国雕版印刷的盛世时期，与其同时期的辽金和西夏雕印书籍虽不如宋代发达，但也留下了许多精品。这些由少数民族建立的政权，重视吸收中原文化，倡导儒家思想和佛教，积极发展书籍印刷业。为了本民族使用，女真、契丹、西夏等少数民族文字印本出现，扩大了印刷术的应用范围。由于统治地域的不同，辽金和西夏时期的雕印中心扩展到北京、山西、内蒙古、辽宁等地。

辽（916～1125年）是契丹族建立的国家，强盛时曾占有河北、

图28　西夏　木雕版（宁夏博物馆藏）

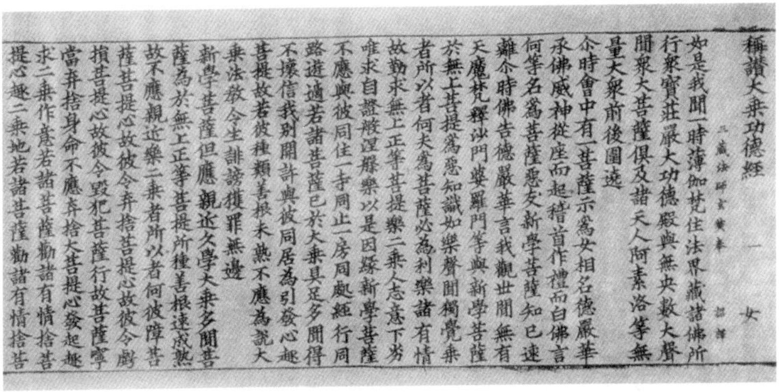
稱讚大乘功德經　一　女
三藏法師玄奘奉　詔譯
如是我聞一時薄伽梵住法界藏諸佛所
行衆寶莊嚴大功德殿與無央數大聲
聞衆大菩薩俱及諸天人阿素洛等無
量大衆前後圍遶
尒時會中有一菩薩示爲女相名德嚴華
承佛威神從座而起稽首作禮而白佛言
何等名爲菩薩惡友新學菩薩知已速
離尒時佛告德嚴華言我觀世間無有
天魔梵釋沙門婆羅門等與新學菩薩
於無上菩提爲惡知識如樂聲聞獨覺乘
者所以者何夫爲菩薩必爲利樂諸有情
故勤求無上正等菩提樂二乘人志意下劣
唯求自證般涅槃樂以是因緣新學菩薩
不應與彼同住一寺同止一房同處經行同
路遊適若諸菩薩已於大乘具足多聞得
不壞信我別開許與彼同居爲引發心趣
菩提故若彼種類善根未熟不應爲說大
乘法教令生誹謗獲罪無邊
新學菩薩但應親近久學大乘多聞菩
薩爲於無上正等菩提所種善根速成熟
故不應親近樂二乘者所以者何彼障菩
薩菩提心故彼令弃捨菩提心故彼令虧
損菩提心故彼令毀犯菩薩行故菩薩寧
當弃捨身命不應弃捨大菩提心發起趣
求二乘作意若諸菩薩勸諸有情捨菩
提心趣二乘地若諸菩薩勸諸有情捨菩

图29　辽《契丹藏》（1974年山西应县木塔发现）

山西北部地区，这些地区曾有较好的雕版印刷基础，也成为辽代印刷业比较集中的地区。辽代最大的雕印工程是雕印佛教大藏经，一般称为《契丹藏》或《辽藏》（图29）。《契丹藏》雕印始于辽圣宗时期（983～1031年），全部为汉文、卷轴装，字体工整有力，笔画精细，行格疏朗，填补了辽代刻书史的空白。此外，辽代雕印的单幅佛画《南无释迦牟尼佛像》《药师琉璃光佛说法图》《炽盛光九曜图》等雕刻得刀法娴熟、玲珑剔透，线条遒劲圆润，显示了高超的雕刻水平，《南无释迦牟尼佛像》在彩色套印史上还占有重要地位。除雕印佛经外，为学习儒家文化，辽代还雕印了《易》《诗》《书》《春秋》等书，以及儿童启蒙读物《蒙求》（图30）。在辽代木塔中就发现了《蒙求》印本，采用蝴蝶装，雕印清晰。我国从宋代开始已有儿童启蒙读物，当时流行的识字课本是《三字经》和《百家姓》。《蒙求》是唐代李

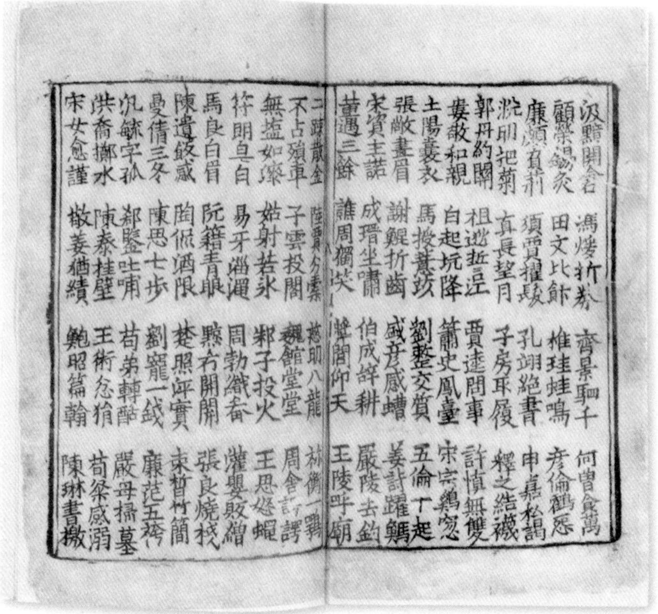

汲黯開倉 馮煖折券 齊景駟千 何曾食萬
顧榮錫炙 田文比飯 稚珪蛙鳴 彥倫鶴怨
廉頗負荊 須賈擢髮 孔翊絕書 申嘉私謁
淵明把菊 真長望月 子房取履 釋之結襪
郭丹約關 祖逖誓江 賈逵問事 許慎無雙
婁敬和親 白起坑降 蕭史鳳臺 宋宗雞窗
王陽囊衣 馬援薏苡 劉整交質 五倫十起
張敞畫眉 謝鯤折齒 盛彥感蠐 姜詩躍鯉
宋賓主諾 成瑨坐嘯 伯成辭耕 嚴陵去釣
董遇三餘 譙周獨笑 將閭仰天 王陵呼廟

二疏散金 陸賈分橐 荀淑八龍 孔融一鶚
不占殞車 子雲投閣 魏舒堂堂 周舍諤諤
無鹽如漆 姑射若冰 鄒子投火 王思怒蠅
符朗皂白 易牙淄澠 周勃織畚 灌嬰販繒
馬良白眉 阮籍青眼 縣卮開閤 張良燒棧
陳遺飯感 陶侃酒限 楚昭萍實 束晳竹簡
曼倩三冬 陳思七步 劉寵一錢 廉范五袴
氾毓字孤 郗鑒吐哺 荀弟轉酷 嚴母掃墓
洪喬擲水 陳泰掛壁 王衍忿猜 荀粲惑溺
宋女愈謹 敬姜猶績 鮑昭篇翰 陳琳書檄

图30　辽《蒙求》（1974年山西应县木塔发现）

翰编撰的一本儿童教育的启蒙读物，采用对偶押韵的句子来叙述历史典故，每句四字，上下两句成为对偶。这样的启蒙读物既可以帮助儿童多认识《千字文》以外的生字，又可以学习典故知识，比普通的识字启蒙读物又前进了一步。《蒙求》对以后的启蒙书籍具有极大的影响，《三字经》《幼学琼林》中的许多内容也取材于李翰的《蒙求》。

西夏（1038～1227年）是由党项族建立的国家，他们特别重视创造具有本民族特色的文化，创制了西夏文，并用西夏文刻印了大量书籍。

西夏有专门从事刻书的机构，部分印刷品上镌刻着"刻印司刊印"字样。为提高本民族的文化水平，西夏从宋朝输入各种典籍，并翻译成西夏文刊印。为便于交流，雕印了西夏文与汉文对照的词语集《番汉合时掌中珠》（图31），便利了党项人与汉人的交流。西夏人特别尊崇佛教，佛经、佛画的刊印成为西夏刻书的重要内容，现存的西夏文佛经和在西夏时期雕印的汉文佛经有四五百种之多，佛经中刻印有插图和单幅佛画（图32）。此外，西夏人还使用活字印刷技术来印制佛经，推动了活字印刷术的发展。

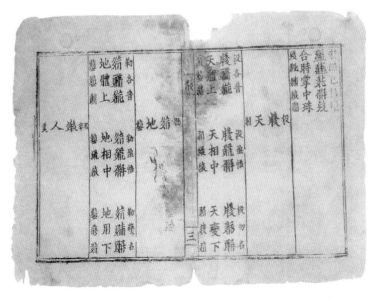

图31 西夏 《番汉合时掌中珠》（20世纪初内蒙古黑水城出土）

图32　西夏 《西夏译经图》（中国国家图书馆藏）

　　金代（1115～1234 年）是女真族建立的王朝，曾创制大小女真文字，并用女真文字翻译了汉文经典。为满足教育的需要，也曾向宋朝索取书版来雕印书籍。金代官刻本首推国子监，印有《史记》等十七史，以及《六经》《论语》《孟子》《孝经》《老子》等正史正经，皆为北宋旧版。金代雕印的大藏经又称为《金藏》，因藏于山西洪洞赵县广胜寺，又被称作《赵城金藏》（图 33）。《赵城金藏》从金熙宗皇统九年（1149 年）开雕，金世宗大定十三年（1173 年）完成，采用卷子装，约有 7000 卷，由民间募资雕刻而成，镂刻刀法娴熟稳健，颇具唐人写经的风范。金代还印刷了《七真要训》《重阳全真集》《道德宝章》等道家著作，在金中都（北京）印刷了《道藏》。金代印刷最兴盛的

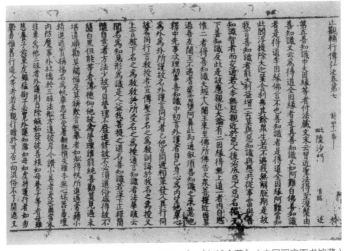

图33　金 《赵城金藏》（中国国家图书馆藏）

地区是山西南部的平阳府，这里设有专门的刻书机构，为金代印刷业的发展提供了良好的环境。作为金代重要的印刷中心，平阳刻印了大量书籍，出现了许多著名的印书作坊。《四美图》由山西平阳姬家印刷，线刻精致流畅，墨印自然适度，是金代雕印高超水平的代表。

这一时期，除用于书籍、佛经印刷以外，雕版印刷还用来印制流通领域使用的纸币、钞引、印契，报纸及游戏娱乐使用的纸牌。北宋出现了世界上最早的纸币——交子，便利了货币流通和市场交易。北宋的交子出现于四川地区，最初由民间私印，后来政府成立益州交子务，负责印刷发行，其流通区域也扩大到陕西、河东等路。到南宋时，朝廷在杭州设立会子务，发行会子，通行东南各路，会子也被称为东南会子。会子发行后不断贬值，南宋政府开始发行关子代替会子，关子也称为"金银见钱关子""见钱关子""金银关子"。金代发行的纸币称为交钞，有大钞和小钞之分。由于纸币不易保存，目前尚未见到宋金纸币原物，仅能见到宋金时期印刷纸币的钞版，"行在会子库"铜版就是南宋印刷会子的钞版（图34）。宋代还印刷"茶钞引"和"盐钞引"卖给商人，作为政府的税收。此外，宋代也印制官私发行的报纸，《朝报》《内探》《省探》等名目繁多的报刊，展示了雕版印刷在新闻传播领域内的便捷作用。宋代的"济南刘家功夫针铺"广告铜印版为印刷广告之用（图35），印版上方标明店铺字号"济南刘家功夫针铺"；正中有店铺标记——白兔捣药图，图案两侧注明"认门前白

图34　南宋 "行在会子库"铜钞版（中国国家博物馆藏）

图35　宋 "济南刘家功夫针铺" 广告铜版（中国国家博物馆藏）

兔儿为记"，下方广告文辞称："收买上等钢条，造功夫细针。不误宅院使用，□□兴贩，别有加饶，请记白。"这是已知世界上最早的商标广告实物，展示了雕版印刷在不同领域的应用情况。

三　刻印新风

　　元明清三代的印刷术继续发展，泥活字、木活字和金属活字印刷技术出现，雕版印刷技术更加精良，印刷地域更为广阔，印书品种更多。

雕版印刷工艺领域出现了双色和彩色印刷，使印刷技术呈现新的风貌。

元代借鉴了辽、金等少数民族政权学习汉族文化的经验，推广儒学教育，建立书院，培养人才。在雕版印刷方面，继承了宋代刻印遗风和精湛技艺，遵循宋版书籍功力精严的传统，将宋代兴盛起来的雕印事业继续向前发展。元朝皇帝对刻书、印书也十分重视，曾下令在杭州等地收集宋代旧书版运至京都以备印刷之用，还下令雕刻《农桑辑要》《至元新格》《列女传》等书籍，并分赐群臣。元代对于图书印刷的管理十分严格，有的书籍需要中书省审查才能印行，"元时书籍，并由中书省牒下诸路刊行"；有的书籍则由相应的管理机关审批才可刊印。中央政府的印刷机构主要由兴文署和广成局来承担，以兴文署印书质量较好。据记载，兴文署刻印的书籍主要有《资治通鉴》和《通鉴释文辨误》，其他则使用宋代旧版进行印刷。艺文监将汉文经典史书翻译成蒙文并加以刻印，曾刻印《尚书》《孝经》《资治通鉴》《千字文》等书籍。元代的官刻书籍也包括各路儒学、书院、郡学等地方刻书，而且这些地方刻书还出现了不同路、州联合刻书的形式，刊刻了一些大部头的著作。这类刻书最大的工程是由江东八路一州儒学联合刻印的新校订本《十七史》，太平路刻《汉书》、宁国路刻《后汉书》、池州路刻《三国志》、饶州路刻《史记》和《隋书》、广德路刻《南史》等，虽然分路雕刻，但都用了统一的版式。地方刻书机构中的书院刻书尤为精美，许多有学问的人亲自参加书院刻本书籍的校勘，而且这些刻本雕镂精湛、纸墨精良，具有较高水平（图36）。元代民间印刷业十分活跃，印刷作坊遍布全国各地，较为集中的地区是平阳、杭州和建宁。平阳是金代的印刷中心，私人印刷较为兴盛。根据史料记载，元代著名的印书作坊有九家，其中有两家是金代著名的书坊。杭州自宋代开始就是重要的印刷中心，这里集中了大批

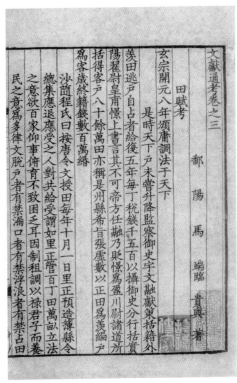

图36　元　《文献通考》杭州西湖书院刻本（中国国家图书馆藏）

技艺精湛的雕印工匠，元代政府、学校都曾在这里刻印大部头的著作。建宁路的建安和建阳是南宋以来的刻印中心，这里的书坊林立，书籍印量大，促进了元代印刷业的发展。

元代雕印的书籍除正经、正史外，还刊刻了大量类书、字书、韵书、史书的节本、科举应试的参考书、模范文章选集等，私人刊刻医学类

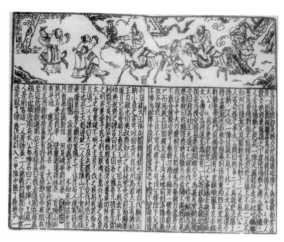

图37 元 《武王伐纣平话》（中国国家图书馆藏）

书籍的数量逐渐增多。元代盛行的通俗小说和杂剧也有刊印，这些书籍图文并茂，在版式风格、插图艺术等方面具有独特风格，具有一定的时代特征（图37）。在宗教典籍方面，元代的刊刻也很兴盛。除续刻完成《碛砂藏》、补版续印《崇宁万寿大藏》《毗卢大藏》等典籍外，还雕印了《普宁藏》（图38），蒙文、藏文和西夏文的《大藏经》《龙龛法宝藏》等典籍，并使用了活字、彩色套印等技术。不仅是佛教经典，道教典籍《道藏》也被重新雕印。除书籍、佛经之外，纸币（图39）也是元代重要的印刷品之一。

元代印刷字体具有一定的时代特色，除继承宋代字体外，经常使用的是赵体字，即赵孟頫的书体。这种字体不仅是元代常用的印刷字体，也是后来铅活字的字体。其雕刻工整，略带有沉厚之气，具有很高的

图38　元 《普宁藏》（中国国家图书馆藏）

欣赏价值。元代，在封面的版式设计方面也有所创新，出现了宋代未有的封面形式。封面的四边加框线装饰，书名位于中部，用大字雕刻，上部横眉为出版印刷者堂名，用小字刻印出印刷年代及一些宣传性字句。有的书坊还在封面上刻印插图，这种形式是元代对书籍刻印的一大贡献，是后代书籍封面配图的始祖。元代的版面

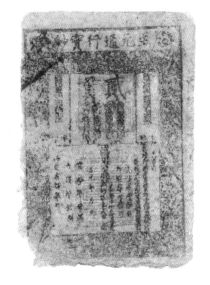

图39　元 至元通行宝钞（中国国家博物馆藏）

设计也继承了宋代遗风，重视对插图与文字的编排，达到了较高的艺术境界。

"元代在全国统治的时间虽然仅有 80 余年，但相对于整个印刷史的时代坐标而言，却处在一个承前启后的关键点上。（1）将宋代出现的活字印刷技术进行了改革，使之更加实用化，奠定了中国传统活字印刷的范式。（2）将宋代发明的套色印刷技术成功地运用于书籍印刷，为套色印刷走向民间，扩展到其他领域，尤其是为明代多色套印技术的发明奠定了基础。（3）元代的刻书地区较之宋、金更加广泛，除保持了南有麻沙，北有平阳，以及浙江、江西等刻书比较发达的中心以外，江南、江东、湖广各地在刻书方面也都有所发展。（4）元代将印刷技术扩散到更多的少数民族地区，为后世兴起的少数民族印刷奠定了非常重要的基础。"① 因此说，元代是在一种特殊的历史条件下，推动了我国对印刷技术的发展，对后代印刷业产生了深远影响。

明代社会经济文化发展，政府实施特殊政策鼓励刻印书籍，促进了印刷事业的发展，其刻书机构之多，刻书地区之广，刻书数量之大，以及刻书家之普遍是任何时代都无法比拟的。明代的雕版印刷特别兴盛，活字印刷也很流行，书籍中的版画十分精美，使用了套印、彩印等印刷技术。

---

① 方晓阳、吴丹彤：《论元代政府对印书业的促动》，《北京印刷学院学报》2012 年 12 月。

　　明代的刻书机构也分为官刻本、私刻本和坊刻本。官刻本主要由国子监、钦天监、司礼监、兵部、工部、都察院、太医院等中央机构和地方各省的布政使司、按察司、藩府等雕印，主要印刷经史子集等书。明代的南京、北京均设有国子监印书，南京国子监收集了元代的地方、学院的书版进行重新刻印，且印书较多，称为"南监本"；北京国子监多以南监本为底本进行印刷，称为"北监本"。司礼监也是明代内府最有名的官刻机构，所刻书籍多为大字巨册，纸墨刻工相当精妙，一般称为"经厂本"。司礼监拥有大规模的印刷场所，主要雕印《佛藏》《道藏》《番藏》以及各种由皇帝批准印刷的《大明律》《大明令》《御制文集》等书籍。明代的藩王府也印刷书籍，这是印刷史上特有的现象。藩王府是明朝分封到地方的各个亲王府，他们中很多人都刻印书籍，这些书籍被称为"藩府本"或"藩本"。藩王府印书多半以中央赏赐的宋元版本为底本，因此刻印质量都很高。藩府本书籍的内容庞杂，除经史子集外，医学、佛经、道经、琴谱、茶谱、地理、小说等都有所涉及。

　　明代私刻本因有许多学者、世家、藏书家等参与刻印，书籍一般校勘缜密、雕印精美，这些私家刻书集中在苏州、无锡、松江、南京、扬州等地。明代的书坊刻书遍及全国且规模很大，他们面向民间，集编、刻、售于一体，其中南京、苏州、建阳、湖州、徽州、杭州等地是书坊刻书的集中地。书坊所刻书籍的品种繁多，除了刊刻经、史、医、农、文集、丛书之外，戏曲、小说和日用大全是书坊刻书的重要内容。明代的戏曲、小说等民间文学发达，亦深受民众的喜爱，脍炙人口的《三国演义》《水浒传》《西游记》《封神榜》等小说均有雕印。这类书籍受众广，社会需求量大，容易销售。为迎合读者的爱好，追逐更多的经济利益，书坊还刻印了大量带有插图的戏曲、小说书籍，这也成为明代书籍印刷的特色。

明代刻书的显著特点是题材广泛而且数量巨大，刻印题材不仅包括传统的经史子集、佛道经等内容，还扩大到通俗小说、音乐、手工工艺、航海记志、造船术以及西方的科学著作等内容，杂剧、医书、方志、文选、类书等内容的书籍也有较多印制（图40）。明代初期，

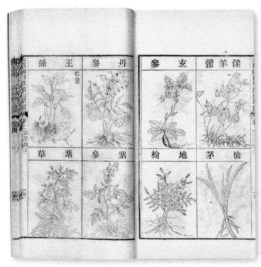

图40　明 《本草纲目》
（中国国家博物馆藏）

国子监及其他官方机构主要刊印经籍、正史及辞书、韵书等书籍，以供参加科举考试的人员备考之用，其中最重要的是《十三经》和《廿一史》。对宗教书籍的印刷也很重视，由于宋、金、元时期的经版多已被毁，明洪武五年（1372年）开始重新雕刻大藏经的经版，于永乐元年（1403年）完成。因刻于南京，称为《大明三藏圣教南藏》，简称《南藏》。永乐年间则开始在北京雕刻《大明三藏圣教北藏》，简称《北藏》。明代，还雕印了藏文版的《大藏经》，称为"番藏"。明代的皇帝既信奉佛教，也尊崇道教，正统九年（1444年）开始雕刻《道藏经》，万历三十五年（1607年）雕印《续道藏》。明代的两京十三布政使司，乃至各府州县，几乎没有不刻书的，他们编印了大量的地方志，甚至是一些偏远的乡镇也有自己地区的地方志。明代地方志的刊印比宋元时代更加发达，成为我们今天研究历史的重要资料。此外，为满足不同阶层人民的需要，明代刻印了《三国志演义》和《水浒传》等通俗小说，刊印《三宝太监西洋记通俗演义》介绍著名航海家郑和下西洋的故事以及西洋各国的风貌及航海技术（图41）。类书、科技类书籍刊刻增多，《太平御览》《艺文类聚》等类书有不同版本的刊刻，《天工开物》《农政全书》等科技类书籍也有印制。

　　明代雕版印刷术的重要发展是套版印刷技术的应用，普通的雕版印刷一次仅能印出一种颜色，运用套版印刷则能印出两种或几种颜色。一般是在规格一样的版面上，分别在不同部位涂刷上不同的颜色，重

图41 明 《三宝太监西洋记通俗演义》（中国国家博物馆藏）

复叠印而成，因此称为"套版"或"双印"。初期，多使用朱黑两种颜色进行套印，称为"朱墨本"或"双印本"（图42）。后来，逐渐发展到使用四色、五色进行套印。明代中后期，随着雕版印刷的广泛发展，技术上也更加精益求精，特别是版画艺术达到了很高的水平。在同一版面上不仅印制文字，还印刷图画，所印图画精致，具有较强的艺术表现力。明代徽州歙县、休宁等地就以镌刻精湛的插图版画而闻名，在版画上形成了精密细巧、俊逸秀丽的徽派风格。明万历年间，程大约主持编刻的《程式墨苑》开创了彩色套印的先河，而此书版画的刻工就出自歙县黄氏家族的黄鏻之手。明末，中国的雕版印刷技术达到了最高峰，在单版分色套印的基础上，还发明了分版分色的"饾版"和"拱花"印刷技术，明崇祯年间（1628～1644年）南京胡正言编印的《十竹斋笺谱》和江宁吴发祥印制的《萝轩变古笺谱》是饾版拱花艺术的双璧，刊刻精致，色彩妍丽，达到了很高的艺术水平。

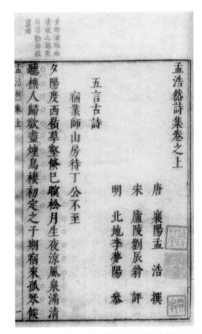

图42　明　《孟浩然诗集》（中国人民大学图书馆藏）

　　清代，我国的雕版印刷由兴盛走向衰败。清前期随着社会的稳定和经济的发展，文化事业也得以发展。这一时期，印刷规模有所扩大，除大量出版历代典籍外，也大量印刷当代著作。随着印刷技术的发展，雕版、泥活字、木活字、铜活字等各种印刷方法都有应用，印刷工艺亦有所改进。清后期，自19世纪开始，国势渐衰，雕版印刷数量未见减退，但印刷质量渐趋粗陋。随着国外珂罗版、胶版、影写版等新的印刷技术的输入，传统的雕版印刷逐渐淡出。

　　清代的书籍雕印仍是官刻、坊刻和私刻。官刻书籍包括中央的内务府刻书和地方各省、府、州、县、学院等刻书。内务府刻书以康熙、乾隆两朝的武英殿刻本质量最佳，称为"殿本"，地方官署刻书以同治、光绪时期的各省官书局刻书较佳，成为"局本"。武英殿本是清代刻书中最著名的刻本，武英殿是内务府设立的专司刻书的机构，始自康熙帝时期（1662~1722年），雕印书籍门类齐全，正经正史、字书韵书、总志方志、典章职官、图志方略、文集诗赋等都曾刊刻。康雍年间，在武英殿用铜活字排印了64部《古今图书集成》，成为中国印刷史上的重要事件。乾隆年间，在武英殿用木活字印刷了《武英殿聚珍版丛书》，内容涉及经史子集等历代重要著作。清代的私家刻书多集中在南方，一些学者、藏书家参与雕印书籍，他们在选择底本、校勘的精细程度和发行目的上有所不同，因而雕印相对精细，这也成为清代雕印书籍最有价值的内容，不仅刊印了许多单行的精刊善本，还进行各式各样的丛书辑刻。这些私家刻书一般请著名的书法家写样上版，请著名的校勘学者校书刻书，所以这些书籍不仅雕印的精美，而且内容丰富，具有较高的参考价值。清嘉庆年间（1796~1820年）阮元所刻的《十三经注疏》和《皇清经解》是研究汉学不可缺少的参考书。在乾隆、嘉庆时期，一些私人刻书家掀起了翻宋、仿宋刻书潮流，这期间所刻印的一些精刻本直到现在还被翻刻、影印。清代的书坊遍及全国，刻印了大量的书籍，出现了一些经营久、影响大、刻书多的书坊。苏州、扬州、屯溪、北京等地都有大量书坊从事刻书工作，也是印刷业较为集中的地区。

满文典籍是清代版印书籍中的重要组成部分，也是清代雕版印刷的特有内容。清代是以满族为主体的政权，满文是其民族文字。清朝曾用满文刊印《三国志演义》《满蒙文鉴》《圣谕广训》等书，刊印满汉合璧的《诗经》《书经》《易经》《春秋》等书，供满族贵族学习之用。清代还雕印了大量宗教书籍，康雍乾三朝（1622～1795年）都非常重视佛教，先后用汉文、蒙古文、满文、藏文刻印《大藏经》。康熙时雕印蒙文《大藏经》，乾隆时译刻满文《大藏经》、汉文《大藏经》，康熙、雍正、乾隆祖孙三代完成了《甘珠尔》和《丹珠尔》的藏文版雕印。其中乾隆版汉文《大藏经》是历代汉文《大藏经》中卷册数量最多的一部，其装潢讲究、纸质精美、字迹大而清晰，是清代唯一官刻、也是中国最后一次官刻的汉文《大藏经》。这部《大藏经》雕印历时5年之久，雕印经版78230块，印刷经书7240卷，由于是奉皇帝御旨雕刻的，因此每卷首页均有雕龙"万岁"牌，故又称"龙藏经"或"清藏"（图43）。

在雕版印刷基础上发展起来的套色印刷技术在清代也有所发展，单版套色印刷已发展到六色套印。康熙年间内府印制的《御制唐宋文醇》五色套印本、乾隆年间的《西湖佳话》套印本、道光年

图43 清 汉文《大藏经》经版（首都博物馆藏）

间（1821~1850年）的《杜工部集》六色套印本等都极为出色（图44）。清代前期雕版印刷的代表作品是《芥子园画传》，其以饾版套色印刷而成，既有彩色套印，又有水墨套印，色彩丰富而富于变化，是清代印刷的巅峰之作。清初，年画印刷在各地发展起来，形成了独具特色的印刷品种，这些色彩鲜艳的年画也为清代的套色印刷带来了勃勃生机。

明代早期继承了元代遗风，仍以赵体字为主要刻书字体。明嘉靖年间（1522~1566年）开展了复古运动，刻书字体演变为"字形方正，横平竖直，横轻竖重"的字体，并逐渐流行。经过不断地改善，明清时期的字体逐渐统一为横轻竖重、横细竖肥、四角整齐、结构严谨的方体字，人们称为"宋体字"，其实这与宋版书字体已相差很远。但这种宋体虽没有宋元以来欧、颜、柳、赵手写体那样美丽悦目，但因字体端庄，比例适中，直线多而曲线少，便于普通刻工施刀

图44 清 《杜工部集》（中国国家博物馆藏）

图45 明 《世说新语》（中国国家图书馆藏）

刻字而成为常用的印刷字体。明代国子监印本以及清代武英殿印本都使用这样的宋体字，现代电脑软件的字汇也源自于此（图45）。

明清两代书籍装订形式多种多样，在承袭了前代的蝴蝶装、经折装、包背装等形式的基础上，到明嘉靖万历（1522～1620年）以后则兴起了线装书籍。线装形式在北宋时已出现，但并不受欢迎，明万历以后，线装成为主要的装订形式，其装订方法是把印好的纸张对折，折好后叠成一册，用锥子在书脊处穿孔，再用线订成一册。线装书籍比蝴蝶装、包背装、经折装的书籍使用起来更为耐久，而且装订手续也更快捷便

图46 明 大明通行宝钞（中国国家博物馆藏）

利，成为后代沿用的主要书籍装订形式。

明清时期的雕版印刷还用于印刷报纸、钱币和年画。明代的《邸报》、清代的《京报》等报纸类印刷品均有留存。明清两代都曾印刷过纸币，明代有"大明通行宝钞"（图46），清代有"大清宝钞"和"户部官票"，这些是雕版印刷在商业领域流通的应用。明代末期以后，随着雕版印刷的普及和套色印刷技术的进步，年画的印制得到空前发展，成为人们欢度节日时的喜庆装饰品。清代，年画印制达到高潮，北方天津的杨柳青、南方苏州的桃花坞、西南四川的绵竹等地，汇聚了大批技艺精湛的民间画师和工匠，绘制刻印了大量年画，供各地在年节之际张挂。

第三章

活字印刷术

第三章

活字印刷术

　　活字印刷是中国在印刷史上的另一个重要贡献，是印刷史上又一个伟大的里程碑。这种方式继承了雕版印刷的部分传统，同时改进了雕版印刷的缺点，对现代印刷术的产生具有重要影响。

　　隋唐之际，中国发明了雕版印刷术，提高了书籍制作的效率，降低了书籍生产的成本。但是，雕版印刷仍存有缺点。每页需要一块雕版，若要雕刻大部头的书籍，需要许多刻工花费数年时间雕刻成千上万块雕版，这样印制一本书在前期需要花费大量的人力、物力和时间，限制了书籍出版的速度。书籍雕版不易，而贮藏这些雕版还需要有足够的空间和较好的环境。为解决雕版印刷存在的这些问题，减轻繁重而费力的雕版工作，人们不断地进行技术改进，寻找更为经济的印刷方法。十一世纪中叶北宋（960～1127年）的毕昇发明了泥活字印刷术，标志着印刷技术从雕版时代过渡到活字版时代。按照泥活字印刷术的基本原理，后人又创制出木、铜、锡等不同材质的活字，不断改进排版材料和检字方法，活字印刷逐渐成为世界范围内占统治地位的印刷方式。

活字印刷的技术先驱可以追溯到公元前几个世纪，有些青铜器和陶器上的铭文是用一个个单字模钤印在泥范上的，这种将长篇铭文拆解成单个字模的工艺与活字印刷技术一脉相承，它为活字印刷术的发明奠定了技术基础。活字印刷术是在雕版印刷基础上产生的新印刷方法，即先制成单个独立的活字，然后根据印刷书籍的需要逐个挑选活字，排成书版后再进行印刷。活字印刷使用的书版是由活字拼合而成的，拆版后的活字还可以继续排印其他书籍，这样每次印书就不要单独雕版，不仅节省了劳力费用、印版材料，还缩短了印刷周期，进而降低了印刷成本。

活字印刷是印刷技术史上一次伟大的技术革新，它减轻了雕版印刷繁重而费力的工作，使印书的效率高且更为经济。活字印刷与现代印刷技术一脉相通，但它并未迅速取代雕版印刷成为主要的印刷方法。活字印刷只有在印刷大批量书籍时才能充分显示其优势，而印制较少数量的书籍时，既不简单也不方便。活字印刷的刷印工作只占全部工作量的较少部分，检字、排字以及印刷完毕后的拆版、活字归原处等工序也占用了大部分工作。且在资金方面，活字印刷需要制造大量的活字，其前期投资比雕版印刷还要大，这也是活字印刷在相当长的时间内未成为主导的原因。而雕版印刷还能创造书籍的字体及格式上的多种不同风格及效果，印出的书籍具有独特的美感，而活字印刷则相对单调，缺少变化。雕版印刷每版两页，印成的书页比活字整齐美观。

因此，从某种程度上说，中国文化创造了活字印刷，但其特点又大大阻碍了活字印刷的发展。

一 泥活字

毕昇是活字印刷术的发明者（图47），他在北宋仁宗庆历年间（1041～1048年）发明了泥活字印刷术。沈括在《梦溪笔谈》中只提及毕昇是个布衣，但大家推测，毕昇应是一位长期从事雕版印刷的人，长期的实践让他体会到雕版工作的缺陷，才发明出可以反复使用的活字版。雕版印刷术到北宋庆历年间已值黄金时代，当时社会对书

图47　毕昇像（模型）

籍的需求量不断增加，人们迫切希望出现快速印刷书籍的方法，在这种社会环境下，激发毕昇发明了活字印刷。

沈括在《梦溪笔谈》中详细介绍了活字印刷的技术。活字模是以胶泥为原料制成，厚度近似于铜钱。每字为一印，刻好字后，用火烧烤使其坚固。排版的方法是先准备一铁板，其上铺布松脂、蜡和纸灰的混合物，然后把一个铁范放在铁板上，将活字整齐摆放在铁范里。铁范排满活字后，将铁板放在火上烧烤，待松脂和蜡熔化后，用一平板将活字压平，既可保证字面平整，也让活字固定在铁板上。固定后的版面犹如雕版，即可印刷。当一版印完后，将铁板放置在火上烧热，待松脂和蜡熔化后，即可取下活字，按位储存，以备再用。为了使排版和印刷持续进行，可以准备两块铁板，当印刷一版时，可以进行另一块的排版，这样可不间断地印刷，提高了工作效率。为了满足排版的需求，一些使用频率高的常用单字则要制作二十多个字模。活字的存放方法是将活字按照韵的顺序贴纸存放在木格内，以备使用。泥活字印刷的方法虽然原始简单，但已具备活字印刷的制活字、分类贮存、检字、排版、施墨、刷印、拆版、归字等全套工序。

毕昇发明的泥活字印刷术，在当时并未引起人们的重视，宋代的泥活字印本也鲜有留存。但沈括的《梦溪笔谈》将这项发明记录下来，启发了后人，为推动活字版印刷的发展起到重大作用。西夏是与宋代并存的王朝，西夏人应用泥活字印制的佛经成为毕昇发明泥活字印刷术的间

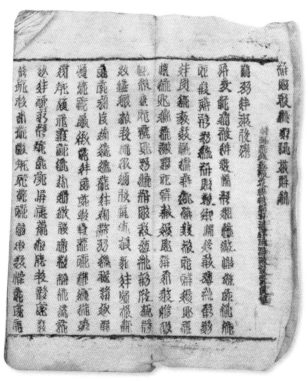

图48　西夏 《维摩诘所说经》（甘肃武威出土）

接实证。现存最早的泥活字印本是西夏时期（1032～1227年）的《维摩诘所说经》，这部佛经具有明显的泥活字印本特征（图48）。泥活字因材质不坚固，造成泥活字印本的文字笔画呆滞、不流畅且边缘不齐整；泥的吸墨能力较弱，致使一些字的笔画不够清晰，有晕染现象；泥活字排版不紧凑，表现为版面行列不直，有弯曲现象。这些现状是泥活字印刷与雕版印刷的不同之处，也表现了早期活字印刷技术不成熟的一面。

元代初年曾用泥活字排版印刷《小学》《近思录》等书，此后，直到清代才出现有关泥活字印

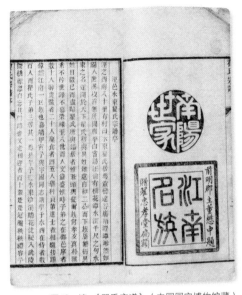

图49　清　《翟氏宗谱》（中国国家博物馆藏）

本的记载。清道光年间，苏州人李瑶用泥活字印书，在240多天内，印成《南疆绎史勘本》80部，书籍封面背后印有"七宝转轮藏定本，仿宋胶泥板印法"。后来，李瑶还用泥活字印刷了《校补金石例四种》。清道光年间，安徽泾县人翟金生也仿效北宋毕昇造泥活字的方法，分五种规格造出十万泥活字。他用泥活字先后印刷了《泥版试印初编》《仙屏书屋初集》《翟氏宗谱》（图49）等书籍，皆得成功，其中《翟氏宗谱》是翟金生用自制的泥活字印刷的最后一部书。李瑶和翟金生改进了泥活字印刷的方法，所印书籍字体清楚、笔画清晰，堪与雕版印刷品相媲美。

二 木活字

木活字是在泥活字版后印刷技术上的又一次重大改进。毕昇或在毕昇以前的印工，也曾试用木活字印刷，但由于在排版印刷时使用与泥活字相同的方式，致使木活字的排版和拆版不便，所以终遭弃置。而与北宋并存的西夏人则将木活字印刷术发扬光大，他们用木活字印制了西夏文的《吉祥遍至口和本续》，这是我国现存最早的木活字印本之一（图50）。

300 年后，元代（1271～1368 年）的农学家王祯再次试制木活字印刷法，他再次改进了木活字制作方法、拣字方式和排版固字技术，

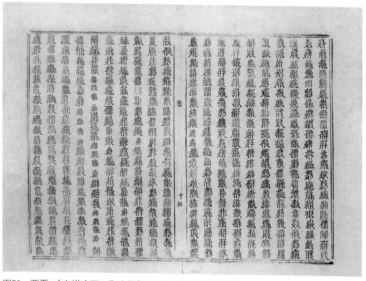

图50　西夏《吉祥遍至口和本续》（宁夏贺兰县拜寺沟出土）

图51　转轮排字盘（模型）

为木活字的广泛应用奠定了基础。王祯总结了木活字制作、排版的技术和工艺，写成《造活字印书法》一文，并附在他所著的《农书》之末。文中，他详细介绍了"造活字印书法""写韵刻字法""锼字修字法""作盔嵌字法""造轮法""取字法""作盔安字刷印法"等七方面的内容，改进了制字、拣字、排版等技术。王祯采用的制活字方法是先在雕版上刻出整版的字形，字里行间留出空白，然后用细锯锯下每一个字块，再用小刀把活字修整成大小高低一致的木活字。这种木活字具有一定的高度，不会因字面刷墨而引起活字变形。王祯的最大贡献是发明了转轮排字盘（图51），运用简单的机械方法进行拣字工作，改变了以往人们来回走动寻找字模的拣字方法，减少了拣字者的工作量。转轮排字盘的字盘为圆形，被分成若干格，活字字模依韵排列在格内，盘下有立轴支承，可以转动。排版时两人合作，一人读稿，一人则转动字盘，方便地取出所需要的字模排入版内，这种"以字就人"的方法，便利了排字工人，提高了工作效率。王祯还改进了木活字排版的固定方法，使版面更加平整，易于印刷。毕昇使用的排版固字方法比较简陋，拆版时活字字模上容易粘连木灰，不便于再次使用活字字模，这也是毕昇扬弃木活字，转而使用泥活字的原因。王祯使用的木活字固定方法则更接近于现代。排版前，先按照待印书籍版面的尺寸，制造一个带边框的矩形木盘作为范版。排版时，先安置三边栏版，留下右手边框，自左向右、自上而下排字，每拣一行字就在行字旁夹一高低与字身相等、长短与范版相同的竹片。这些竹片既可起到固版作用，印刷时又可成为界格的行线，整版排满后，再用一些小竹片将版面垫平，装上右边框，用木楔敲紧，使整块活字版固定。这种固版方法比毕昇时代的固版方法有了很大进步，可使版面平整。

王祯改进的固版技术虽有进步，但也存在一些不足之处。我国古代印刷书籍多使用水墨，每印刷一张书叶都要刷一次墨，木字字模和竹片都会因吸水而膨胀，起初涨版时有紧版固字的作用，但涨到一定程度时，四周边栏已无空隙可涨，字模和竹片有的因被挤而突出版面，甚至歪斜，这样印出的书叶就表现为墨色浓淡不均、界行扭曲与字体不齐等情况。为解决这一问题，清乾隆（1711~1799年）时期的金简在使用木活字印刷《武英殿聚珍版丛书》时，专门制作了用以植字的整块硬木版槽。在版槽内先按照确定好的行款剔剜出与活字高低宽窄完全一致的槽格，拣字时只要依照文稿顺序逐字填入相应的槽格，每行槽格填完最后一字，都正好严实合缝。清代的《武英殿聚珍版丛书》是由内务府雕印的最大规模的木活字印刷工程，其制字方法和印刷方式也与元代不同。在制作木活字的字模时，先做成一个个单独的大小高低一致的木子，然后在其上刻字。印刷则分两次套印完成，先在白纸上印框格，再将文字加印其中。《武英殿聚珍版丛书》采用了这种独特的排版印刷方式，印制得十分精美，没有任何字体不齐或着墨浓淡不均的现象，造就了木活字印刷史上的辉煌成就（图52）。《武英殿聚珍版丛书》的监制者金简在完工后撰写《武英殿聚珍版程式》一书，以图文形式记录了此次木活字雕印过程（图53）。

　　元明清三代使用木活字印刷的书籍较多。王祯用自己创制的木活字印制了百部《旌德县志》，效率高、效果好。明代木活字印刷的应用与普及超过前代，尤其是万历年间（1573~1620年）印本更多。明代用木活字印刷书籍的内容广泛，不仅《太平御览》《太平广记》等大部头的书籍有木活字印本，小说、科技、家谱和方志等也有使用木活字印本，明代崇祯时期（1628~1644年）还用木活字排印报纸。特别值得一提的是，明代家谱的排印直接促进了木活字印刷的进一步发展和普及。明代家谱的刻印蔚然成风，出现了专门刻印或排印家谱的工匠，还有人在农闲季节，携带工具，走乡串镇，用木活字来为需求者排印宗谱。可见，木活字的应用已十分普遍。清代的木活字印刷更为普及，尤以《武英殿聚珍版丛书》的印刷最为辉煌。《武英殿聚珍版丛书》共收书134种、2300余卷，雕刻木活字25万多个，谱写了历史上制作木活字数量最多、

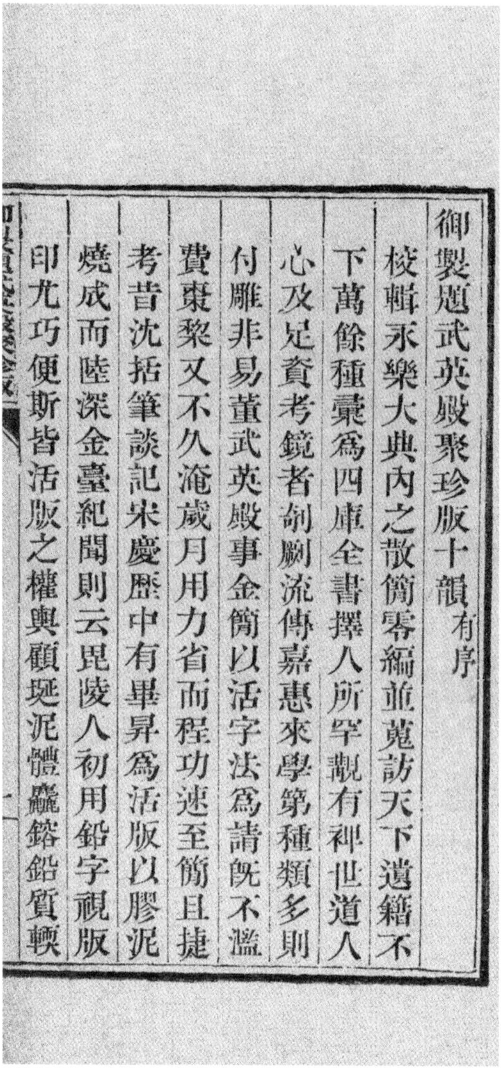

御製題武英殿聚珍版十韻有序

校輯永樂大典內之散簡零編並蒐訪天下遺籍不
下萬餘種彙為四庫全書擇人所罕覯有神世道人
心及足資考鏡者剞劂流傳嘉惠來學第種類多則
付雕非易董武英殿事金簡以活字法為請既不濫
費棗黎又不久淹歲月用力省而程功速至簡且捷
考昔沈括筆談記宋慶歷中有畢昇為活版以膠泥
燒成而陸深金臺紀聞則云毘陵人初用鉛字視版
印尤巧便斯皆活版之權輿顧埏泥體乾鎔鉛質輕

图52　清　《御制题武英殿聚珍版十韵》

图53　清　《武英殿聚珍版程式》

印书最丰富的不朽篇章。除《武英殿聚珍版丛书》外，地方的木活字印刷也很普及，各地的衙门、书院、官书局大都备有大批的木活字。民间也大量使用木活字进行印刷，北京的聚珍堂用木活字印刷《红楼梦》《蟋蟀谱》《艺菊新编》等书籍，苏州书坊排印过《佚存丛书》等。

三　铜活字

毕昇发明了活字版以后，不断有人改进制作活字的工艺和选用更为理想的材料。我国就曾先后使用锡、铜、铅等金属作为字模的制作材料，虽然制作技术上比用泥和木材制造活字要复杂得多，而且费时费工，投资也较大，但它坚固不易变形，可反复多次使用，适于书籍的大量印刷。金属活字的应用，使活字印刷技术进入了一个新的高潮，为现代铅活字的出现奠定了基础。

自宋代开始，我国就已使用铜版印刷钱币，其印刷技术已有应用。15世纪末，开始使用铜活字印刷书籍，其后快速发展。明代应用铜活字印刷书籍的地区主要集中在当时江苏的无锡、常州、苏州，以无锡地区华燧的会通馆、华坚的兰雪堂和安国的桂坡馆最为著名。江苏无锡华燧（1439～1513年）用了大半生的时间从事铜活字的制造和印刷。1490年，他的会通馆使用铜活字排印了第一部书《宋诸臣奏议》150卷，当时印刷了50册，这是目前所知我国最早的铜活字印本。随后，又陆续印行《记纂渊海》《古今合璧事类前集》《锦绣万花谷》《荣斋随笔》等19种书籍，数量之多，在明代铜活字印本中首屈一指。1513年，华坚的兰雪堂开始用铜活字印书，印有《白氏长庆集》《元氏长庆集》《蔡中郎文集》《艺文类聚》（图54）《容斋五笔》等。1521年，安国的桂坡馆印成了第一部铜活字版书《东光县志》，这是最早用铜活字印刷的地方志。他还排印了《吴中水利通志》《颜鲁公文集》《春秋繁露》等铜活字版书籍。

清朝政府对铜活字印刷十分重视，使用铜活字排印的书籍也超过

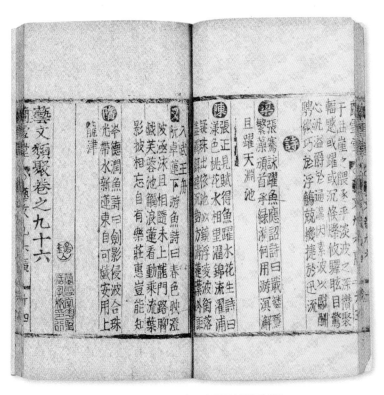

图54　明 《艺文类聚》（中国国家博物馆藏）

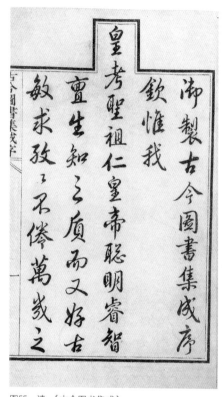

图55　清　《古今图书集成》

了前代。康熙年间内府用铜活字印制了《律吕正义》等书籍。清政府规模最大的一次铜活字印刷是在雍正皇帝时期开始铸造、排印的大型类书《古今图书集成》（图55），这是当时世界上规模最大的一部百科全书，全书万余卷，1.6亿字，分装5020册，成为我国活字印刷史上的盛举。清代民间的铜活字印本也不乏精品，江苏常熟吹藜阁的《文苑英华律赋选》、福建的《音学五书》等书写工整、镌刻精细、印刷精致，表明我国清代铜活字刻制与印刷技术已完全成熟。

版画艺术

第四章

版画艺术

在雕版印刷技术发展的基础上，人们对单调的文字版面进行了大胆革新，创新出木刻版画和套色印刷，将我国的雕版印刷术推向了一个新的高峰。9世纪，印刷技术臻于成熟，不仅刊刻文字，还刊刻了大量精美细致的版画。木刻版画的创造初衷不是一件单独供人观赏的艺术品，而是主要附属于书籍的扉页画或插图，它既是对文字理解的补充，又是文字的装饰，增强了书籍的艺术效果。随着雕版印刷技术的发展，木刻版画也逐渐发展成为一种独特的艺术形式。

一 木刻新兴

木刻版画的起源很早，甚至可以追溯到唐代雕版印刷发明之时。

9～10世纪，我国的木刻版画作品大多与佛教有关，最著名的早期木刻版画作品当属甘肃敦煌莫高窟藏经洞中发现的《金刚经》扉页画，根据题记，这幅作品印刷于868年。卷首为插图，刻画了释迦牟尼在给孤独园为弟子须菩提说法的场景，佛陀端坐于中间的莲花座上，弟子跪在地上，神祇、僧众、飞天等站立在周围。全图人物众多，但繁而不乱，布局大方，用笔工整，人物表情生动，衣着线条流畅，是盛唐时期白描佛像画的典范，同时显示了当时木刻版画的艺术和技巧已达到成熟阶段。

五代十国时期，出现了更多的佛教版画作品。敦煌曾发现多件五代十国时期佛教印刷品，其形式多为上图下文的排版方式。后晋开运四年（947年）归义军节度使曹元忠主持雕印的《大圣毗沙门天王像》（图56），表现出我国木刻版画的制作技术已十分精湛。全图构图严谨，中心突出，线条刻画刚劲

图56　五代　《大圣毗沙门天王像》（1900年甘肃敦煌发现）

而不呆板，整幅画的印刷墨色纯正而匀称，这种形式的单幅佛像画在当时印制很多。吴越国的钱俶（947～978年在位）雕印的《宝箧印陀罗尼经》也在卷首印有扉页画，虽然经版较小，但画面依然清晰。

　　宋元时期，版画插图仅出现在佛经中的局面被打破了，儒家经典、文学、艺术、百科全书等内容均附有插图，插图版画多表现为中间插或连续插图形式。为参加考试的学子们印刷的一种特别的儒家经典版本《六经图》，上图下文，称为"纂图互注"本，描绘了《六经》中所记的309种器物；《尔雅图》是一种附有插图的词典，解释各种事物和人事的古典名称。宋元时期的文学逐渐面向市民阶层，历史故事

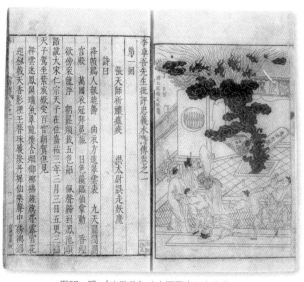

图57　明 《水浒传》（中国国家图书馆藏）

中也附有插图版画，可以图文
对照。元代流行的小说、杂剧
印本中更有大量的插图版画（图
57）。画谱《梅花喜神谱》用百
幅画描绘了梅花从蓓蕾到结实
的不同花态（图58），刻版技艺
达到了很高的水平。《考古图》
（图59）《宣和博古图》的插图
则利于全面认识鼎彝器物的形
象，有助于对器物的判定。在

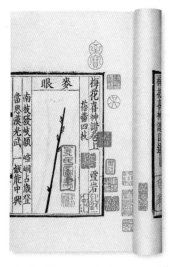

图58　宋　《梅花喜神谱》（上海图书馆藏）

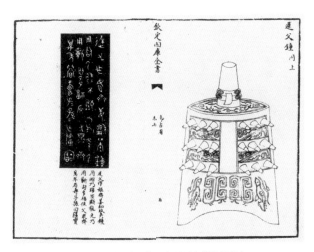

图59　清　《考古图》（中国国家博物馆藏）

图60 元 《事林广记》（北京大学图书馆藏）

宋代出版物中，百科、医学类图书增多，书中的插图占有重要地位，可以描绘出文字难以表述的内容。百科全书《事林广记》中的插图反映了当时的社会生活，既可以装饰书籍，又有助于理解文字内容（图60）。《铜人针灸经》是我国第一部载有人体插图的书籍，形象标注了人体穴位。建筑著作《营造法式》的平面图、断面图、构件详图以及各种雕饰是对文字说明的必要补充。

明清两代是我国版画刻印技术的鼎盛时期，插图成为书籍的组成部分，插图版画的数量与质量均超过前代。随着印刷业的发达，印刷与卖书成为社会经济中重要的一部分。明清时期，城市中私人书坊林立，彼此间的竞争激烈，为了在竞争中取胜，各家书坊不仅注重印刷的质量，还不断翻新书籍的内容，特别是注重书籍插图的设计与雕刻，用新颖、出奇的版画插图来吸引读者。这一时期，附有插图的书籍涉及小说、

杂剧、历史、地理、人物传记、美术图谱、科技著作、各种笺谱等诸
多内容，图案设计繁密精美，线条细腻，雕刻刀法高妙。插图的样式
打破了以往的上图下文的单一形式，改变成整版半幅、整版对幅或团
扇形式。插图的数量也有所增加，少则数幅，多则四五十幅，有的甚
至达百余幅。明清时期的版画插图不仅是书籍的装饰，更是全书不可
缺少的一部分，它形象地描绘了用语言难以表述的事物。明代宋应星
的《天工开物》（图61）、徐光启的《农政全书》中都有大量的插图

图61　明《天工开物》（中国国家博物馆藏）

介绍器物的结构和操作技巧，明代李时珍的《本草纲目》用一千多幅插图形象地描绘了各种药物的复杂形态，清代的《南巡盛典》以图画的形式记录了乾隆南巡途中所经的美丽风景。同时，为获得精美的插图，许多书坊争相聘请当时有名的画家为书籍的插图版画起稿画样，唐寅曾为《西厢记》画插图，仇英为《列女传》起稿，陈洪绶为《离骚》画图，这些画家的介入，改变了以前由刻工自己绘画的习俗，将当时的绘画风格融入插图版画的制作当中来。这些精美的木刻版画精巧构图，绘者用笔不凡，刻者运刀圆润细腻、栩栩如生，将绘画的神韵真实地再现出来，展示了高超的绘刻技艺。明清画家的参与，让插图版画的绘、刻出现了一个飞跃，为版画作品从朴拙走向纤丽，从单一演化成不同的艺术风格奠定了基础，大大提高了书籍插图版画的艺术水平。木刻版画成为设计者、雕刻者与印刷者之间紧密契合的形象艺术，画家、刻工与印刷者的紧密结合，将书籍的插图版画演绎成一幅艺术品，使其具有实用和美学的双重性质。

当时除书籍插图外，还出现了行酒用的版画叶子和以版画装饰的诗笺等一些与人们生活有关的木刻版画作品。行酒用的版画叶子以明代陈洪绶创作的《水浒叶子》（图62）和《博古叶子》最为生动传神。诗笺上的版画作为纸笺的装饰，刻印精美，深得文人的喜爱，著名的当属明代胡正言的《十竹斋笺谱》和吴发祥的《萝轩变古笺谱》。

二 敷彩印刷

套色印刷是雕版印刷技术发展到一定程度的产物，是我国印刷史上一道美丽的风景线。它是在单色雕版印刷的基础上发展起来的多色印刷，可在一张纸上印出几种不同的颜色，常用于印刷书籍中句读、标点、评语及注释，还有纸币、书籍插图、信笺、年画等内容。我国从宋元时期开始出现两色套印，明代则发展为多色套印。明代末年，套色印刷与版画艺

图62 明 《水浒叶子》

术相结合产生了饾版、拱花印刷技术，它的发明使中国水墨绘画之浓淡晕染、阴阳向背的神韵充分表现出来，将套色印刷技术推向高峰。清代使用套色印刷的年画，色彩鲜艳，构图饱满，成为民间点缀年景的喜庆佳品。

我国古代在手抄书籍时就重视对古书进行标点、圈点和批注，以帮助、指导他人学习古籍。如7世纪初的《经典释文》，经文用墨书

抄写，音注用朱书写成。敦煌莫高窟藏经洞发现的唐写本《道德真经疏》也是朱书经文，墨书疏语。朱墨分明，这样既醒目又有助于阅读，这也是产生套色印刷的历史渊源。

当手工抄写被雕版印刷取代后，为达到手工抄写时的"朱墨别书"红黑相间的色彩效果，人们不断探索，寻找新的方法来弥补墨版一色印刷的不足，以期印出色彩分明的印刷品。早期印刷木刻版画时，人们就曾尝试使用先墨印、再敷绘的方法。敦煌曾发现五代时期刻印的菩萨像，该像先用墨印，再将面容、衣巾、裙带用不同颜色饰染。辽代的《炽盛光九曜图》（图63）也是先以木刻墨印，印成后再着色的佛像画。

据记载，北宋初年，四川出现的交子已使用朱墨间错的套色印刷技术，宋徽宗时期还出现了三色套印的纸币。元代的套色印刷技术又有新的发展，朱墨套印应用于图书，终于印出了如同手抄书籍时朱墨灿然、经注分明的图书。我国现存最早的朱、墨两色套印本是元代的《金刚经》朱墨套印本，朱印经文，墨印注文。

明代是套色印刷应用最广泛的时期，套色印刷图书普遍。许多书坊尝试使用朱、墨两色或三色、四色印刷图书，让书中的文字、线条呈现出不同的色彩。在印刷经史子集时，为了分清各家批注，采用原文和批注分色套印的方法。例如凌濛初刻印的《世说新语》使用了四色套印，原文为黑色，用红、蓝、黄色分别印王世贞、刘辰翁、刘应

图63 辽 《炽盛光九曜图》（山西应县佛光寺发现）

登的批注。对于文字书籍来说，这种套色印刷可以满足需求，但是对彩色图画来说，套色印刷不能表现出图案的深浅、浓淡层次。

明万历二十三年（1595年），安徽歙县滋兰堂的主人程大约雕印《程式墨苑》彩印本，将套色印刷技术推向了高峰（图64）。《程式墨苑》一书附有五十幅彩色插图，不仅有红色、黄色的凤凰，绿色的竹子，还有五颜六色的器物和花鸟。他所采用的印刷方法近似雕版，所印内容雕刻在一块版面上，根据画面的需要，涂刷上不同深浅的颜色，一次印刷成型。《程式墨苑》彩印本虽然达到了很高的艺术水平，但

图64　明　《程式墨苑》（中国国家图书馆藏）

使用这种技术印出的画面会出现色泽不鲜艳，不同色彩间界线不清、互相浸染的现象。为克服这些缺点，人们尝试将每一种颜色单独刻版，再依次逐色进行套印的方法，饾版——一种新的彩色印刷技术出现，将古代印刷技术提高到一个新的水平，完成了套色印刷从简单到复杂，从印刷文字版面到印刷精致的版画图案的过程，为中国特有的雕版印刷技术增添了特色。

饾版印刷是按照彩色绘画原稿的用色情况，将每一种颜色分别雕成一块小木版，印刷时需按照"由浅到深，由淡到浓"的原则逐色套印，印出的作品近似于原作。这种分色雕版类似于饾饤，所以明代称这种印刷方式为饾版印刷，也称为彩色雕版印刷，清代中期以后称为木版水印。其技术程序很复杂，要先勾画全画，然后再依画的本身，分成几部分，称为"摘套"。一幅作品往往要刻三四十块小版（图65）。印刷时，需要依色分次印刷，这样才能避免色泽的互相印染，印出来的画面其阴阳向背、轻重浓淡的过渡和层次也很自然流畅。饾版印刷技术要求很高，尤其是勾描、刻版、印刷这三道工序的操作者既需要高超的技艺，还要有良好的艺术造诣，才能创作出精美的彩色印刷品。饾

图65　饾版（标本）

版技术将我国的雕版印刷技术推向了新的高度，对后世的彩色印刷技术也有一定的影响。明天启七年（1627年），徽州休宁人胡正言历时八年雕印完成了《十竹斋画谱》，全部采用饾版印刷技术完成（图66），使印刷品上出现了深浅层次，成为印刷史划时代的作品。

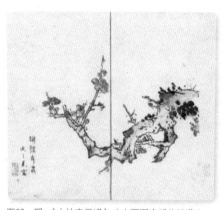

图66 明 《十竹斋画谱》（中国国家博物馆藏）

拱花是一种无色印刷技法，但它印出的画面具有凸起效果，使作品看起来具有较强的立体感，更具逼真和传神的韵味。其方法是将纸张放置在雕有相同图案的凹凸相反的两版之间，将两版嵌合压印出花纹。明天启六年（1626年），江宁人吴发祥印成《萝轩变古笺谱》（图67）一书，书中有182幅彩图，有的采用拱花法印刷，有的采用饾版印刷，

图67 明 《萝轩变古笺谱》（中国国家图书馆藏）

图68 明 《十竹斋笺谱》（中国国家图书馆藏）

创造了印刷史上的奇迹。明崇祯甲申年（1644 年），胡正言完成了《十竹斋笺谱》（图 68）的印制工作。在印刷的过程中，不仅使用了饾版印刷，还大量使用了拱花印刷技法，通过压印来表现画面轮廓明显凸起的立体效果。《萝轩变古笺谱》和《十竹斋笺谱》都是运用饾版和拱花技术印制的杰出作品，这是套色印刷技术的一次飞跃，是中国雕版印刷技术登峰造极的表现。

　　清代的套色印刷技术也有很大发展，彩色套印已发展到六色套印。康熙年间内府五色套印的《御制唐宋文醇》、雍正年间朱墨套印的《朱批谕旨》、乾隆年间内府三色套印的《劝善金科》、道光年间六色套印的《杜工部集》等都是套色印刷的精品。饾版印刷技术得到了进一步推广，《芥子园画传》（图 69）是清代杰出的彩色印刷品，既有彩色套印，也有饾版套印，色彩丰富而富于变化。

图69　清 《芥子园画传》（中国国家博物馆藏）

三　木版年画

清代自《芥子园画传》刊行后，就再没有重要的彩色套印作品问世，而年画成为延续套色印刷技术的重要内容。年画是中国民间于年节之际用来迎新春、祈丰年的民俗艺术品，在宋代称为"纸画"，明代则称作"画帖"，清代称为"画片""画张""卫画"等，直到清道光二十九年（1849 年）才被称为"年画"。

中国的年画历史悠久，早在汉代就有在门上描画武士的记载，由武士守门辟邪可以说是门神画的萌芽。约在五代、宋代之时，随着雕版印刷术的普及与发展，雕版印刷与年画相结合，形成了一种新的画种——木版年画。两宋时期，木版年画得到推广与普及，形成了以汴京、杭州、平阳为代表的木版年画产地。金代山西平阳印制的《四美图》（图70）刻画了王昭君、赵飞燕、班婕妤和绿珠四位美人，画面雍容华贵，线条流畅飘逸，具有唐代人物绘画的遗韵。其构图合理，层次分明，镌刻技术十分成熟，是宋元时期木版年画的代表作。《东方朔盗桃图》是宋代套印年画的佳作，该图以墨线为轮廓，用淡墨和浅绿色套印而成，人物比例适中，神态生动有趣，后人以"东方朔盗桃"为庆祝老人长寿的颂词。明清时期，年画创作印刷进入鼎盛时期，年画作坊遍及全国，形成了天津杨柳青、河北武强、河南朱仙镇、山东潍坊、陕西凤翔、山西临汾、四川绵竹、江苏桃花坞、福建漳州等著名年画产地，年画题材也愈加丰富。

木版年画由早期单纯的镇宅辟邪"门神"发展演变为具有多种吉祥含义的"门画"，其内容包罗万象，题材丰富，堪称一部反映民间生活的百科全书。这些年画线条单纯，色彩鲜明，画面具有喜庆的特色。年画的内容大致可以分为驱凶辟邪、祈福迎祥、戏曲传说、喜庆装饰和生活风俗等五类。驱凶辟邪类年画是最为古老的木版年画题材，多贴于大门上。这类题材的年画内容从最早的桃符、苇索、金鸡、神虎，到后来的赵云、尉迟恭、秦叔宝、对锤侍卫、镇殿将军等武将以及钟馗、东方朔等各类神仙及八卦符瑞，反映了人们辟邪禳灾、祈求

图70　金　《四美图》（内蒙古黑水城发现）

平安的心理要求。祈福迎祥类年画是最受欢迎的年画题材，福寿天官、
麒麟送子（图71）、财神献瑞、连中三元、和气致祥、四季平安、玉堂
富贵、日进斗金、年年有余等内容最能烘托节日气氛，表达了人们对
美好生活的向往。戏曲传说是年画中数量最多的题材，人们将最受欢
迎的人物和典型场面改编成不同样式的年画，这些戏曲画面表达了人

图71 清 《麒麟送子》年画（中国国家博物馆藏）

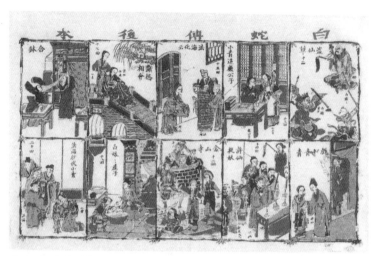

图72　清　《白蛇传》戏曲年画（中国国家博物馆藏）

图73　清　《桂序昇平》年画（中国国家博物馆藏）

们对善恶的判断、对自由的赞美、对英雄人物的景仰。各地印制的戏曲年画内容多取材于当地的地方戏，《白蛇传》(图72)《水浒传》《杨家将》等戏曲多为人们所熟悉，也构成了年画的常见题材。生活风俗年画是最常见的年画题材，主要有节令风俗(图73)、时事趣闻、生产生活和美女娃娃等内容，是人们日常生活的再现，表达了人们追求美好生活的理想和愿望。喜庆装饰是使用最多的年画题材，由具有喜庆意义的花鸟虫鱼等动植物通过一定的组合来构成画面，用谐音、隐喻、象征等手法来表达吉祥寓意的内容，如金玉满堂、长命富贵、新春大吉、万象更新等内容，整个画面生气勃勃。

木版年画的绘画艺术与传统绘画一脉相承，其印刷技术脱胎于雕版印刷，采用了套色印刷技术。年画虽然在印刷技术上没有新的成就，但它开创出了一个新的艺术门类，它将民间的现实生活、思想感情、祈求愿望通过这种形式展现出来，成为中国古代印刷史上一笔独特的财富。

结语

中国的印刷术发明以后，很快东传至朝鲜和日本，14 世纪欧洲出现的雕版印刷和 15 世纪中叶出现的活字印刷，都直接受到中国印刷术的影响。"浩如烟海""汗牛充栋"，我们常常这样形容人们拥有的书籍，而中国发明的印刷术是这些得以实现的根基，它为整个人类文明的传承与发展做出了不可磨灭的伟大贡献。

参考文献

叶德辉：《书林清话》，中华书局，1957 年。

刘国钧著、郑如斯订补：《中国书史简编》，书目文献出版社，1982 年。

卡特著、吴泽炎译：《中国印刷术的发明和它的西传》，商务印书馆，1991 年。

罗树宝：《中国古代印刷史》，印刷工业出版社，1993 年。

徐艺乙、陈健：《木版年画》，山东科学技术出版社，1997 年。

李致忠：《古代版印通论》，紫禁城出版社，2000 年。

王伯敏：《中国版画史》，河北美术出版社，2002 年。

钱存训：《书于竹帛》，上海书店出版社，2003 年。

钱存训著、郑如斯编订：《中国纸和印刷文化史》，广西师范大学出版社，
2004 年。

路甬祥主编、张秉伦、方晓阳、樊嘉禄著：《中国传统工艺全集——造纸与
印刷》，大象出版社，2005 年。

张秀民著、韩琦增订：《中国印刷史》，浙江古籍出版社，2006 年。

辛德勇：《中国印刷史研究》，生活·读书·新知 三联书店，2016 年。

中国印刷博物馆：《印刷之光——光明来自东方》，浙江人民美术出版社，
2000 年。

中国古代科技展编辑委员会:《中国古代科技文物展》，朝华出版社，1997 年。

中国历史博物馆编：《华夏文明史图鉴》，朝华出版社，1997 年。

中国国家博物馆编：《文物中国史》，中华书局，2004 年。

故宫博物院编：《故宫博物院文物珍品全集》，商务印书馆，2005 年。

国家文物局、中国科学技术协会：《奇迹天工》，文物出版社，2008 年。

宿白：《唐五代时期雕版印刷手工业的发展》，《文物》1981 年第 5 期。

阎文儒、傅振伦、郑恩淮:《山西应县佛宫寺发现的＜契丹藏＞和辽代刻经》，
　　《文物》1982 年第 6 期。

毕素娟:《世所仅见的辽版书籍》——《蒙求》，《文物》1982 年第 6 期。

王慧:《清宫的纸牌》，《紫禁城》第 144 期，2007 年。

方晓阳、吴丹彤:《论元代政府对印书业的促动》，《北京印刷学院学报》
　　2012 年。